中國豆腐

林海音 主編
夏祖美／夏祖麗 助編

目錄

考據豆腐

家鄉豆腐

海外吃豆腐

豆腐菜單

新的豆腐
——為修訂、增訂、重排而寫

林海音

二十年前，我有一個「計畫編書」的構想，那就是以「中國」為主題，編輯一套中國的文、史、物之書，第一本就是「中國豆腐」。從策畫、邀稿到編輯，也煞費苦心；先安排內容，因為這不是一本豆腐食譜或豆腐歷史、豆腐坊如何做豆腐的書，要請什麼人寫什麼稿。這種點題式的邀稿方法，沒想到得到所有受邀者的支持，他們按時寄來了我特邀請譯寫的文章，如樂蘅軍的「古典文學中的豆腐」、朱介凡的「豆腐諺語」、子敏的「茶話豆腐」、伍稼青的「古籍中的豆腐」、彭歌的「海外吃豆腐」、篠田統的「豆腐考」、傅培梅的「兩種別致的豆腐菜」……等，共收了三十多篇好文章及我的兩個女兒祖麗訪問豆腐的製作、價值寫成「豆腐的身價」，祖美是傅培梅的弟子，她就搜集了百十道豆腐菜，寫成簡易的菜單。

我當時很怕寫來的文章或有內容重複之處，比如說大家都知道，中國豆腐起源於紀元前二世紀淮南王劉安發明之說最為普遍，如果大家的文章開頭點題都談及此，豈不讓我編起來麻煩。但是可愛可敬的作家們，居然各寫其豆腐，沒有一家是重複的。而且作家們都對於這樣點題的寫法表示讚許；他們挖空了心思想出他們心目中的豆腐，可以說，這使他們的靈感之泉流出了光潤圓滑的汁液，凝聚成一篇篇不同的「豆腐塊」。他們寫得高興，我也編得興起。當時大家所寫的，大多是散文、專文、回憶、家鄉豆腐等。雖然當時有人誤以為這是一本純豆腐食譜，其實豆腐菜單只佔全書的五分之一，這本書的文學意義高過菜單的實用，它實在是一本有思想和感情的「中國豆腐」啊，所以出版後頗受讀者的喜愛，也確實行銷一時。

自從我們娘兒仨（ㄙㄚ）編輯出版了「中國豆腐」，起了一點影響作用，即發現各報的副刊，不時刊出有關豆腐的文章，我看了也擇優剪存，預備再版時加入。接著我又繼續策畫編輯「中國竹」、「中國近代作家與作品」、「中國兒歌」等，它們都在近十年來陸續出版了。雖然打著「中國」的旗號，內容可是都各有其學術的、具參考價值的、可讀的性質，也是我傾全力策畫、邀稿、找資料、編輯印製的。每本書出來都使我如釋重負。那時常有人問我：「底下要編的是『中國』什麼？」我笑笑回答說：「在我的構想中，還有一本『中國姨太太』呢！」大家聽了都驚異的笑了，「快編，我們要看。」但是十年以來，我事務繁雜，光是搜集資料，自己連策畫都力不從心了。而且說實在的，早先心目中已定好一位最佳撰稿人好友高陽，他卻故去了，要不然光是有清一代的「姨太太」，他就能瀟灑自如的寫上數萬言哪！而我自己對於民初以來的各型姨太太，也能寫出一些來吧！姨太太，本是「中國」特產，在中國文、史、物中，幾千年來，有她一大塊天地哪！

以「中國」為首已出版書籍中，除了「中國豆腐」是三十二開以外，其他都是二十五開本。所以我最近正在努力於本書的改版工作，改成二十五開本，以和其他「中國」一書取其一致，不要顯得它矮了半截兒。而且文字的修訂、文章的增訂，都在這次一併作業了。在分類方面，我也重新安排，使之成為五種豆腐，即：

散文豆腐

考據豆腐

家鄉豆腐

海外吃豆腐

豆腐菜單

書中的三十多篇長短文，幾乎都是名家之作，豆腐菜單也是經過傳培梅女士審查（它們是由祖美、祖麗姊兒倆搜集編寫的）。二十年前的豆腐和現在雖沒什麼大改變，仍是那麼白嫩、那麼大方、那麼光潤，只是它的身價卻漲了十倍，也由板豆腐變成盒裝的機器豆腐。豆腐是每個中國人的食品，不管是家居飯桌上或豪華餐廳的酒席上，都少不了它！寫到這兒，我竟心酸的想起二十年前搬離要拆改的木屋進入高樓大廈居住時，最後的那天凌晨，仍是二十多年來在睡夢中阿婆的那一聲：

「買豆腐——豆乾炸哦——」把我從夢中喊醒了，張眼望窗外，天亮了，正是：

豆腐一聲天下白！

我可有二十年沒聽到這親切的聲音了，怎不令我心酸酸呢！

在我給新的「中國豆腐」增訂時，有一篇文章是我要特別提出說明的。

一九七六年的七月，我收到一本三百多頁圖文並茂的英文大書，書名：「豆腐之書——人類的食品」（The Book of TOFU-Food for mankind），贈者即作者郭偉諾（William Shurtleff）。他是西德人，德國海德堡大學中文系畢業，是德國學術交流協會的獎學金學生，來臺做為語文學家張席珍的學生，那時正在寫碩士論文，就是「中國豆腐」，後來他的博士論文則是「中國歷史的餐飲文學」。據張席珍先生說，我編的「中國豆腐」，也給了他一些影響和參考。後來我看「中副」有一篇他的作品，題名是：「中國文學中的豆腐」，寫成一篇五千字文章，可見其用心之深。而這本英文大書，則是他到日本京都收集資料寫成的，當時這位年輕學子才二十出頭，他雖是德國人，英文很好，又學的是中文。何凡和林良都記得他，何凡說曾跟他在報館打桌球，林良則知道的更多，說郭偉諾打球手執橫板，父親在德國開酒廠，他有時也和球友們喝喝啤酒。張席珍則說他返德後也偶然來臺，這次有兩年沒來了，可見他和國語界諸同仁是好友。

這本英文書的封底是以這樣的詞句做為中國豆腐的認知和賞識：

豆腐──前程更遠大的傳統食物

‧中國在兩千多年前就發明了製造豆腐的方法。今天在日本一國就有三萬八千多家店鋪製售豆腐。豆腐在亞洲人民家庭食單上，已經佔據一席重要地位。

‧現在美國人也愛吃豆腐，因為這種古老而富蛋白質的東方食品，正是尋覓既營養又價廉食物的西方人士的目的物。

‧豆腐獲得大自然充足的養分，價廉物美，可說是對於世界吃緊的食物供應問題，給予革命性的紓解。

在我新編「中國豆腐」中，原已有美國人、日本人、韓國人所寫的豆腐文章，今又加上德國人的，故再綴數言表示我的欣喜。

八十二年五月二十日

原序

何凡

沒有耶穌基督就有豆腐（見篠田統「豆腐考」）了，所以豆腐是中國人的飲食文明的結晶之一。到了二十世紀，豆腐在中國食譜上應用更廣泛，製法更精緻，證明豆腐是禁得起時間的考驗的，沒有其他食物可以取代。豆腐在中國食物中有這樣超越的地位，也許和它的雅俗共賞、老少咸宜，及不嫌貧愛富有關係吧？

家裡有時來親友便餐，海音的最後的主菜常常是一味「二元豆腐」（一元豆腐，一元鴨血），熱騰騰、麻辣辣、香噴噴，由那兩隻厚敦敦、軟綿綿的在我家廚房裡工作了三十多年的手端上來的時候，大家一聲歡呼，眾匙齊下，頃刻間就碗底朝天。

豆腐與青菜配搭，一向被國人視為維繫節儉美德，並保持健康營養的食品。如果配上雞、火腿、冬菇等高級食物，豆腐又成為豪華菜式。中國人的飲食文明博大精緻，在吃不過來的時候，選擇的機會較多，不免人人有忌食的東西，但是不吃豆腐的人恐怕不多。我小時候冬天愛吃凍豆腐（那時沒有冰箱，只有等待大自然的轉變），這東西像海綿，本身沒有味道，以吸收他物之味為味，牙齒咬下去，滷汁就滋在口腔裡，十分有趣。來臺以後，為了配合逐漸衰退的牙齒，一碗肉末燒豆腐，配上亮晶晶的蓬萊米飯，比塞牙的雞肉、牛肉還對胃口。

由於大家都喜歡吃豆腐，觸動了海音編「中國豆腐」的靈感。這是一本綜合介紹豆腐的書，除了簡單的菜單以外，還包括關於豆腐的考證、散文、諺語、詩歌、傳說、專訪等等。看了這本書，可以先對中國豆腐了解個八九不離十。等到引起了興趣，再按書後菜單製作食用，則心裡明白，嘴裡享受，可以成為「豆腐專家」了。

海音這一構想得到親友的支持，女兒祖美、祖麗並且樂於為媽媽幫忙，於是在七月底發出徵稿信件，請大家湊湊熱鬧。在赤日炎炎的時候，高親貴友揮汗寫稿，正好趕上她秋涼編輯。稿子來源遠到美國、日本、韓國，作者也是東方人、西方人都有。雖不能說已集吃豆腐之大成，但是搜羅也夠廣泛的了。

有幾位作者，還寫了不止一篇。像梁容若先生的「豆腐的滋味」，是他二十年前在「中副」刊出的一篇作品，當海音把發黃的剪報寄給他，請求准予轉載的時候，梁先生自動的又寫了一篇，因為二十年來，他對豆腐有更多的話要說。海音請朱介凡先生在諺語中找豆腐的資料，他又加上一道朱老太太的「抓豆腐」。孫如陵先生也在百忙中把

「豆腐革命」和「金鉤掛玉牌」兩文，親自用蠅頭小楷抄錄寄來。樂蘅軍小姐正在研究中國通俗小說，她由於在通俗小說中找豆腐，有了一些有趣的發現和心得（見樂小姐原函），可以說是意外的收穫了。談豆腐就不能忘記一生提倡素食的李石曾先生，因此海音訪問九十三歲的李老先生。他是當年在巴黎辦豆腐公司的三元老（吳稚暉、張靜江、李石曾）中僅存的一位。他所談的豆腐出國的資料，是以前沒有發表過的。又聽說梁寒操先生有詠豆腐詩，經海音寫信向梁先生求來，才知道豆腐有「劉小姐」這麼一個奇怪的綽號。也可以看出豆腐所到之處都可以適合當地人的口味。書中轉載的文章，都得原載報刊及原作者的同意，但陸德枋先生的「豆腐‧節婦‧傳痲婆」及康德夫人的「談豆腐」兩文，因「中副」已找不到通訊處，稿酬也就只好暫存了。

親家莊尚嚴先生病中揮毫，為書題名，為本書增色不少。

長女祖美是傅培梅女士的學生，對烹飪有興趣，對此書構想亦有貢獻。赴美後因臨產關係，只擔負拉稿工作。次女祖麗出訪新舊豆腐製作工作，兼助編校，因為這是她的本行工作，做來還算順手。

「中國豆腐」的資料、文章和菜單的收集，到此並不算完備，例如莊親家說的「江豆腐」，是清末民初的名菜，但是現在已自食譜中消失，亦不詳其製法，將來如果有人補充，仍舊應當補入。如果這本書獲得讀者的喜愛，願意提供更多的資料，再出一本續集，也是可能的。

這一個暑假，我看她們娘兒仨為這本書忙碌，也插不上幫忙之手。直到現在書排好了，還缺一篇序。廚房沒有我的份兒，補序總還可以，至此這種「家庭工業」的成品，總算條件具備，這也是慶祝中華民國六十年舍下的一個小貢獻吧！

六十年十月二日

豆腐頌

林海音

有中國人的地方就有豆腐。作湯作菜，配葷配素，無不適宜。苦辣酸甜，隨意所欲，「它潔白，是視覺上的美；它柔軟，是觸覺上的美；它淡香，是味覺上的美。」女作家孟瑤說：「它可以和各種佳肴同烹，吸收眾長，集美味於一身；它也可以自成一格，卻更具有一種令人難忘的吸引力。」

豆腐可和各種鮮豔的顏色、奇異的香味相配合，能使櫻桃更紅，木耳更黑，菠菜更綠。它和火腿、鯽魚、竹筍、蘑菇、牛尾、羊雜、雞血、豬腦等沒有不結緣的。當你忙碌或食慾不振的時候，做一味香椿拌豆腐，或是皮蛋拌豆腐、小蔥拌豆腐佐餐，都十分可口。時間允許，做一味痲辣燙三者兼備的好痲婆豆腐，或煎得兩面焦黃的家常豆腐，或毛豆燒豆腐，綠的碧綠，白的潔白，只顏色就令人醉倒了。假如就一碗蒸得鬆鬆軟軟的白米飯，只此一味，不令人百嘗不厭麼？它像孫大聖，七十二變，卻傲然保持著本體。

江蘇有句諺語：「吃肉不如吃豆腐，又省錢又滋補。」豆腐的蛋白質含量是牛肉和豬肉的一半，但是價錢卻便宜多了，豆腐的脂肪是植物性的，和肉類所含的動物性脂肪不同，吃了不會引起血管硬化或心臟病等毛病，難怪有許多人說豆腐是「植物肉」了。又因為它含極少量碳水化合物，所以也適宜減肥的人吃。豆腐中的鈣質含量和牛奶相同，特別適合孕婦和發育中的嬰幼兒吃。

慈禧太后駐顏有術，每天都要吞珠食玉。據民間傳說御廚房有蒸鍋四十九口，每口鍋裡放著鑲著珍珠的豆腐，四十九天可以蒸爛。四十九口鍋輪番蒸，慈禧太后就每天可以吃到一味潤膚養顏的「珍珠豆腐」了。

豆腐的做法是先把黃豆泡在水裡四至八小時，氣溫越高，泡的時間越短，泡夠時間放入石磨中去磨，磨好後濾去豆渣，剩下來的就是豆漿。然後把豆漿加熱至沸騰，再加凝固劑。一般都是用鹽滷或石膏做凝固劑，石膏的成分是硫酸鈣，鹽滷中主要成分是氯化鎂和硫酸鎂。加入凝固劑後，再入壓榨箱壓去水分就是豆腐。美國黃豆協會臺灣辦事處，每年有經費部分補助臺灣的豆腐製造商到日本考察。在日本，製豆腐簡直成了一門藝術。

近兩年市面上出現了用兩層塑膠袋包裝，經過高溫消毒的機器豆腐，不過銷路並不十分好，一般主婦還是喜歡新鮮的豆腐。豆腐店做豆腐都是從傍晚開始，天亮前做好。大清早又開始造第二批供午市需求（豆腐工人下午休息）。人人都買得起豆腐，在臺灣，一方豆腐只賣新臺幣一元五角。去年臺灣人共吃了五億公斤豆腐——平均每人二十三公斤。臺灣每年產黃豆六萬公噸，進口六十二萬五千公噸，大部分來自美國，其中百分之十用來做豆腐，其餘的多用來榨油。

豆腐是漢文帝時代（公元前一百六十年左右）淮南王劉安發明。宋時，豆腐漸見普及，在江南，亦成為普通的食品。但除開特殊的情形外，尚未成為士大夫的食品，只有下層階級用來佐膳。清代開始，豆腐擴及於上層家庭，有時且調理成帝王專用的高級豆腐。宋犖七十二歲做江寧巡撫，剛巧康熙皇帝南巡。在蘇州覲見時，康熙見他年老，對他說：「朕有日用豆腐一品，與尋常不同。可令御廚太監傳授與巡撫廚子，為後半世受用。」

「隨息居飲食譜」對豆腐有如下的說明：

豆腐一名菽乳，甘涼清熱，潤燥生津，解毒補中，寬腸降濁，處處能造，貧富攸宜……以青黃大豆清泉細磨生榨取漿，入鍋點成後，軟而活者勝，其漿煮熟未點者為腐漿，清肺補胃，潤燥化痰。漿面凝結之衣，揭起晾乾為腐皮，充饑入饌，最宜老人。點成不壓，則尤軟，為腐花，亦曰腐腦。榨乾所造者有千層，亦名百頁，有腐乾，皆為常肴，可葷可素……由腐乾而再造為腐乳，陳久愈佳，最宜病人，其用皂礬者名青腐乳，亦曰臭腐乳，疳膨黃病便瀉者宜之。

不同時代，豆腐的名稱亦異。古語叫大豆做菽，「爾雅」稱為戎菽。豆腐又叫菽乳，還有「黎祁」或「來其」兩個名稱可能是印度或西域系統的語言，直到唐代，都是指乳酪、乳腐等凍奶食品來說，後來才變成豆腐的別名。「清異錄」說「邑人呼豆腐為小宰羊」，可能是因為豆腐普遍成為肉類的廉價代用品。

豆腐在中國社會中，是貧苦老實和勤勞的象徵。章回小說與舊劇中，也常喜歡安排一對孤苦無依的老婆老頭以磨豆腐為生，如「天雷報」裡面的張元秀。豆腐也圍繞著我國的語文，「豆腐西施」是說美貌的貧家女，「豆腐官」是廉潔的官，因為俸給微薄，只可以吃豆腐。

發揮豆腐烹調技巧最有名的人要算是成都北門順河街的痲婆了。痲婆娘家姓溫，排行第七，小名巧巧，美麗出眾，偏是老天捉狹，在她臉上撒下一些白痲子，但仍不減她的美貌。她十七歲那年，嫁給順記木材行四掌櫃陳志灝。光緒二十七年，四掌櫃不幸翻船。一月之間，健美的巧巧就形銷骨立。小姑淑華看她孤苦伶仃，加上十年相依的感情，不捨得留下她的四嫂自行出嫁。姑嫂倆為了生活，不得不面對現實，打開門戶。姑嫂都能裁會剪，僅僅添了一張案板，裁縫店就立刻開張。不到半年，生意冷淡下來。好在四掌櫃在生時，那些常來他們店子歇腳的油擔子，看她們打開店鋪，每天又來歇腳，有些帶點米，有些帶點菜，沒有帶米帶菜的就在隔壁買點羊肉豆腐，其餘的人在油簍內舀點油，生火的生火，淘米的淘米，洗菜切菜，只等巧巧來上鍋一燒，就可飽餐一頓了。大家故意省下一口，就夠姑嫂早晚兩餐有餘。這些誠摯的情誼，不但鼓舞了巧巧枯萎的心情，更使她練出一手專燒豆腐的絕技。

巧巧做的臊子豆腐，經過眾口宣揚，名傳遐邇，凡是認得女掌櫃的總是想方設法，前來攀親敘舊，目的僅在想嘗嘗她做的豆腐。來者是客，怎好一個一個往外推。於是巧巧開店當爐起來，嫂嫂剁肉燒菜，小姑擦桌洗碗，那是光緒三十年。她們每天忙上十四小時，年復一年，由於操勞過度，姑嫂先後去世，而痲婆豆腐卻成了四川出色的名菜！

很少人有吃膩了豆腐的經驗。作家梁容若回憶生長在沙土綿延的地方，從小見慣了田裡種的大豆，豆子出產多，豆子的加工品自然也多。豆腐是天天見、滿街賣的東西。見慣看膩，無色無香，再加上家鄉豆腐常有的滷水苦澀味兒，所以他從小就不喜歡豆腐。

到抗日時期，一個兵荒馬亂的殘冬深夜，平漢路的火車把他甩在一個荒涼小站上。又餓又渴，寒風刺骨，突然聽到賣豆腐腦的聲音。梁容若擠在人堆裡，一連吃了三碗。

韭菜花的鮮味兒、麻油的芳香、熱湯的清醇，吃下去直像豬八戒吞了人參果，遍體通泰，有說不出的熨貼，心想：「行年二十，才知道了豆腐的價值。」

他回憶說：北平的砂鍋豆腐、奶湯豆腐、臭豆腐，杭州的魚頭豆腐和醬豆腐，鎮江的乳豆腐，我都領教過，留有深刻的印象。有一次還在北平的功德林吃過一次豆腐全席，那是一個佛教館子，因為要居士們戒葷，又怕他們饞嘴，就用豆腐做成大肉大魚的種種形式，雖然矯揉造作，從豆腐的貢獻想，真是摩頂放踵利天下為之了。

作家子敏說：「我對豆腐有一股溫情，它甚至影響到我的處世態度。跟人相處，你不能蠻橫的要求對方的心情『必須』永遠是春天。朋友難免有心情壞的時候，難免失言、失態、失禮、失約。那時候，只有像豆腐那樣『柔軟』的寬厚心情，才能容忍對方一時的過失。朋友相交，夫妻相處，如果沒有『豆腐修養』，很可能造成終身的遺憾。

豆腐原是很平民化的食品。對我，它不只是這樣，它是含有深遠哲學意味的食品。它是平民的，但並不平凡，我們的『中國豆腐』！」

海音按：此篇係應中文「讀者文摘」之邀，摘錄「中國豆腐」一書中各家作品菁華編寫的。

六十四年六月

散文豆腐

豆腐的滋味

梁容若

生長在沙土綿延的地方，從小見慣了種大豆，豆子出產多，豆子的加工品自然也多。豆腐是天天見、滿街賣的東西。油條就豆腐，豆腐拌辣子，蹲到擔子上就吃，賣油條的，買雞蛋的，背鋤的老王，打更的張三，誰也吃得起。見慣看膩，賤就不好，無色無香，再加上家鄉豆腐常有的滷水苦澀味兒，所以我從小就不喜歡吃豆腐。七、八歲的時候，聞到磨豆腐的氣味就要發嘔。菜裡有了炸豆腐，一定要一塊一塊的揀出來。這種偏憎不知道被大人們申斥過多少次。從小學裡知道了豆腐的營養價值，加上吃飯的禮貌訓練，暴殄天物的禁條，使我不敢再在菜裡揀出豆腐。可是碰到它的時候，也只是勉強下嚥，絕不主動地找豆腐吃。

是一個兵荒馬亂的殘冬深夜，平漢路的火車把我們甩在一個荒涼的小站上。又餓又渴，寒風刺骨，在喔喔的雞聲裡聽到賣老豆腐（豆腐腦）的聲音。大家搶著下車，你爭我奪。我也擠在人堆裡，一連吃了三碗。韭菜花的鮮味兒，麻油的芳香，熱湯的清醇，吃下去真像豬八戒吞了人參果，遍體通泰，有說不出的熨貼。回到老家，向叔父報告，自己笑著說：「行年二十，才知道了豆腐的價值。」叔父本是豆腐的謳歌者，就趁機會大加教訓，他說：「豆腐跟白菜並稱，惟其平淡，所以才可以常吃久吃，才最為養人，才最能教人做人。我們是以豆腐傳家，曾祖、祖父都是以學官終身。學正教授在清朝稱為豆腐官，因為俸給微薄，只可以吃豆腐。你生在寒素的家庭，開口是有肉不吃豆腐，不但不近人情，也對不起祖宗！」叔父的話並不使我心服，不過當時聽起來卻很聳然動容。以後自己也想，不管是「天誘其衷」也好，「實逼出此」也好，適當的場合，吃些豆腐，既可以恭承祖訓，又能得到實惠，何樂而不為呢？從此我就成為豆腐的愛好者。北平的砂鍋豆腐、奶湯豆腐，杭州的魚頭望豆腐，乃至於六必居的臭豆腐，隆景和的醬豆腐，鎮江的乳豆腐，我都領教過，留有深刻的印象。有一次還在北平的功德林吃過一次豆腐全席，那是一個佛教館子，因為要居士們戒葷，又怕他們饞嘴，就用豆腐作成大肉大魚的種種形式，雖有些矯揉造作，從豆腐的貢獻想，真是摩頂放踵利天下為之了。

在東京上學的時候，有一個研究文化史的日本朋友，立志要作豆腐考。一個深夜他同我談到淮南王劉安發明豆腐的文獻，談到明末聖僧隱元到日本輸入新的豆腐作法，又談到李石曾先生在巴黎的豆腐公司。照他看來，中國人在耶穌降生許多年以前，日本有文字許多年以前，發明了豆腐，要算文化史上的奇蹟。他為了向一個發明豆腐國度的人表示敬意，決意請兩毛錢的客，要我一同去吃「湯豆腐」。「湯豆腐」是一種白水煮的豆腐，有些和豆腐腦相似，寒冷的冬夜可以使我重溫平漢車站吃老豆腐的趣味，就欣然地同他去。在湯豆腐剛到嘴的時候，他說：「你看，這樣一大碗，只賣三分錢，從日滿經濟合作以後，豆腐可真賤。現在家家早上吃醬湯都要放豆腐。連德國人也在向大連躉購大豆呢。」他的話立刻激動了我，我把碗一推回答：「我感慨的是吃豆腐的人不是種大豆的人。聖僧隱元如果知道教會你們吃豆腐，還要送你們豆子，他一定後悔來日本吧！而且你們把劫掠的贓品賣到歐洲換飛機……」他看見我的眼淚掉在碗裡，像是很後悔自己的失言，想用一種滑稽的調侃收場，他說：「您還是多吃兩碗吧，種大豆的人如果知道運到東京的豆子，有一部分是給他們所希望吃的人吃去，他們的苦痛會減少一點。您多吃一點不拿錢的豆腐，也算是對於帝國主義的掠奪者小小報復。老兄啊，我的豆腐考可不是要曲學阿世……。」我無意於再藉豆腐罵座，傷不必要的感情，可是「湯豆腐」無論如何也再嚥不下去。我們終於默默地離別了，回來日記上記了一句：「同××吃哽咽的豆腐！」

在抗戰期間，河套有一次荒年，稷米、油麥都歉收，馬鈴薯也很少。只有潑辣的豆子照樣結子兒，黃豆成了軍民的主食。豆餅、豆麵、豆芽、鹽豆、豆腐、豆糕，顛來倒去，早晚是它。

大家一到飯廳，就皺眉嘆氣，咒罵：「該死的豆子！」是一次檢討會上，有人提出來：「如果沒有黃豆，我們多少萬軍隊除了吃草根黃土以外，什麼辦法都沒有。通過幾百里無人地帶的綏寧公路，根本不可能接濟大量糧食。是老天開眼，今年種豆得豆，豆餅豆腐使我們在塞外站住了腳，把國防線向東北推出了一千多里，我們有什麼理由詛咒豆子呢？咬得菜根，則百事可做；吃著豆腐，還有什麼事不可做？」這種道理一講出來，大家對於豆腐豆餅等，立刻改了觀感，不約而同地喊著：「感謝大豆！擁護豆腐！」在這段故事裡，我更從新體認了豆腐的價值，可是當時吃豆腐的滋味也還是辛酸的。

勝利以後，回到平津，滿指望可以吃到用東北大豆做的豆腐，醫療一下東京吃湯豆腐的心靈傷痕，親眼看見一船一船運到的是聯合國救濟總署從南北美搬來的施捨豆子，而松花江黑龍江平原的大豆卻是成千噸成萬噸一列車一列車地送到西伯利亞，去換叛國殺人的軍火。誰能想到這是本國人做的事，這種現象能延長到今天呢？

來到臺灣，每天清早還能聽到賣豆腐的聲音，走到郊外，看見的都是山嶺水田，哪裡來這麼多豆子呢？豆腐的來源還是求之於太平洋的對岸吧！想到路途是這樣遙遠，來路又靠不住，不必問當下價錢的貴賤，也就食不甘味了。

想起來我是生長在吃豆腐的家庭，童年悟道不早，迷於正味，等到艱難奔波，理解了食譜，吃到的豆腐，又常常陪伴著哽咽辛酸的眼淚，很少時候能體驗到豆腐平淡清醇的滋味。是我負豆腐，是豆腐負我，也真一言難盡。夢裡不知身是客，幾回從昏睡裡看到了無邊的豆田，黃莢纍纍像後套，像松花江平原，也像故鄉滋河的彎曲處！又幾回朦朧裡回到童年，看著叔父的顏色，吞下有苦澀味兒的豆腐。醒來只是在惆悵空虛裡，等候著「豆腐啦！豆腐啦！」—臺灣勤勉的老婆婆的清脆聲音。

原載四十一年二月十八日中央日報副刊

茶話豆腐

子敏

女作家林海音女士跟她所疼愛的兩個「不僅是名字美麗」的公主（祖美、祖麗），計畫團結兩代的力量，合作編寫一本趣味的書：「中國豆腐」。如果這是一個已經確定了的書名，那麼，對中國人來說，它就含有「咱們的，值得自豪的」意味。對外國人來說，它的意義等於：「一種代表東方文化特色的中國民間食品」。

這個有文學意味的書名，「中國豆腐」，並不表示這本書純然是「純文學」的，她說，但是也絕對不是「純食譜」。她並不打算把它編成一部「以豆腐作為一種象徵」，「不懂英美文學的人絕對看不懂」的現代詩集，也不打算把它編成「水滾後，加鹽少許」的豆腐食譜。

她的意思，我想，是要費一番心血，把它編成一本「文學的，生活的」有意味的散文集。在「文學」的一面，它不但編入了許多有意味的「豆腐散文」，並且連那「食譜文」也要拿起文學的彩筆來寫得像「文心雕龍」，像「詩品」，像「茶經」。

在「生活」的一面，她要使豆腐成為我們文化精神中的一個重要角色，像長袍，像摺扇，像書法，像山水畫，像孔子的哲學，像「孝」，像「義」，像「信」。更進一步，她要使「談豆腐談得極端精彩的人」，至少能「深入生活」一點，知道做豆腐也有它的精彩處，吃「豆腐」也有它的藝術。

這樣的一本書，它所處理的「題材」是一種至少有兩千年歷史的「由淮南王到老百姓」都很愛吃的食品。這個「工程」的難，就像「處理」白話文一樣，也跟拿豆腐燒菜差不多。白話文的「白」像豆腐，但是你要釀造意味像釀酒。豆腐的清淡像白話文，但是你要把它「燒」得經得起品嘗，上得了桌。不過，我有理由相信，這幾年來有本領燒得一桌桌「純文學」好菜的林海音女士，並不怕這個「燒一道好豆腐」的挑戰，何況還有「美、麗」的兩個助手的協助。

前面那幾句「高談闊論」的背面，藏有我寫這篇文章的「動機」。那是一種「交差動機」。這本「未來的書」的編寫人，在談到她的計畫的時候，就像少數最內行的編者一樣，用一種權威的，同時也是「冒險家」的口吻說：「你寫一篇豆腐『茶話』！」這就是我寫這篇「茶話豆腐」的真正的原因。

如果她用的是最外行的，同時也是最不「冒險家」的口吻，說：「如果您有興趣的話，也可以寫一點關於這方面的東西。」那「如果」，那「也可以」，含有明顯的「豁免」的暗示，那麼，她就會永遠看不到這篇文章了。當然，我並沒暗示她所「看不到」的文章一定會是「好」文章。

所有出色的編者，都是天生的冒險家。不過，所有「出色的作者」並不都是天生的無賴漢。我不會為這篇文章將來是在「中國豆腐」「之內」「之外」嘆息，或者整夜枯坐，由狗吠一直聽到雞啼。我的口氣，在這兒，好像也含有另外一種友誼的權威：不管怎麼樣，不可以把這個計畫擱置起來。

一個「空談家」所能談的「豆腐」非常有限，而且難免會給人一種「霧裡的豆腐」的印象。不過我並不小看我自己。我相信我能不靠太太的幫忙，做到「霧中最大的明晰」。

我童年因為感冒，胃口不好，什麼東西都不想吃，坐在飯桌前用「不舉筷子」示意的時候，母親會說：「那麼，我另外給你盛一碗紅燒豬肉。」

我小時候，只要不鬧病，對豬肉的興趣是很濃的。我吃的是瘦肉，對肥肉懷著畏懼，因此造成了我現在的體型，在「橫」的方面毫無成績的體型。我幾乎可以說「我的身體完全是豬肉造成的」，我是指瘦豬肉。

儘管是那樣，在我感冒而胃口不好的時候，我竟會對紅燒瘦豬肉搖頭。

「既然連豬肉也吃不下去，」母親會說，「那麼我給你做一碟醬油拌豆腐吧？」

豆腐是我在任何情況下唯一吃得下的一道菜。它清淡，使我不因為感冒失去味覺難過，我知道它本來是清淡的。我嘗它的時候，並不覺得在味覺上失去了什麼，因為它本來就沒有什麼好失去的。那種感覺，就像我現在懷念幾個最值得懷念的朋友一樣。他們也是「淡」的。我們的友情是在沒酒沒肉的情況下培養起來的。失去一大碗一大碗的酒，失去一大塊一大塊的肉，也就失去了一個一個的朋友，這真是人生的悲劇；只有酒缸再滿，肉鍋再噴香，朋友才能再回頭。

但是我不是，我的好朋友隨時可以來，隨時可以去，沒有任何牽掛，淡淡的來，淡淡的去，像「豆腐」。我們互相尋覓對方清淡的滋味，不為酒香肉味所掩蓋的。

豆腐是嫩的，牙床的肌肉不必緊張你就可以「吃」它。它不是水，但是它像水，它「流動」在舌尖齒間。那感覺是輕鬆自然，像最知心的朋友那樣，像可以不「會話」的朋友那樣。他來看你，沒有「來意」，所以不必「說明」。他走，並沒完成任何「交易」，所以雙方都沒有條約上的義務。他像光，像影，像豆腐。豆腐像他，像最知心的朋友。

童年在我感冒的時候，我吃豆腐所獲得的那種感覺，在我成年以後，我從友情裡得到一次印證。

假如「喜愛」像「疼痛」一樣，也被醫生拿「度」來計量，那麼我對豬肉是八度，對豆腐是十二度。我是常鬧牙病的人，在苦難中唯一的知己就是熬得很爛的稀飯跟豆腐。苦難來臨，豆腐出現，那種溫情是很不尋常的。它不是賀客，它是穿白衣的平民，在你失去金線繡飾的蟒袍的時候，它悄悄的來看你，像一切「人生變化」都沒發生過一樣。它無力幫助你重建榮華，它只有能力陪伴你品嘗你永遠不會失去的東西。

一個人在品嘗豆腐的時候，心中會泛起一種「再也用不著擔心有什麼會失去」的安全感，那種安全感會使人產生道德的勇氣，那結果不只是「不懼」，也是「不憂」，也是「不惑」。聰明的人應該以豆腐做他的「人生基地」；豆腐以上的，用一種真正「豁達」的心胸去「迎接」，去「捨棄」。

事實上，我對豆腐有一股溫情，它甚至影響到我的處世態度。人跟人相處，你不能蠻橫的要求對方的心情「必須」永遠是春天。朋友難免有心情壞的時候，難免失言、失態、失禮、失約。那時候，只有像豆腐那樣「柔軟」的寬厚心情，才能夠容忍對方一時的過失。朋友相交，夫妻相處，如果沒有「豆腐修養」，很可能造成終身的遺憾。最令我難忘的朋友，並不是那「曾經對待我很熱情的」，而是那「曾經寬恕我的過失的。」

上館子吃飯到了該「點湯」的時候，在報過幾道湯都不合適以後，跑堂兒的也許是成心，報了一道想氣氣我的湯。我的大喜過望常常使他大失所望。那是我從童年就認識的一個好朋友的名字，我的「青菜豆腐湯」。

豆腐原是很平民化的食品。對我，它不只是這樣，它是含有深遠哲學意味的食品。它是平民的，但並不平凡。我們的「中國豆腐」！

豆腐革命

孫如陵

日本賣豆腐的，正分成兩派，各不相下，在鬧風波。沿用中國舊法製豆腐的一派，普遍受人歡迎；採用「機械化」的一派，所推出的圓筒形豆腐，則銷路甚慘。然大勢所趨，要大量生產，手工不如機械，所以舊派開會決定集資建廠經營，叫豆腐業也來一次「工業革命」。走筆至此，連帶想起兒時讀過一首詠豆腐的詩：「一顆豆子圓又圓，推成豆腐賣成錢，人人說我生意小，小小生意賺大錢。」也許日本的豆腐革命，是為了小小生意可賺大錢吧？

豆腐的原料——大豆，原產於我國，「爾雅」曰「戎菽」，古時以享祭祀，視為珍品。我國大豆於一七九〇年傳入英國時，僅供觀賞，經過八十三年，才作食用。一八七三年，奧國維也納開萬國博覽會，我國大豆製品，見稱於世，咸認為經濟食用作物。現在各國都栽種大豆，可說是一種世界性的食物。

我們曾戲稱豆腐為「國菜」，其實以它歷史的悠久和產地的廣大，它是當之無愧的。我國大豆的產量，曾佔全世界總產量的百分之八十，當時與絲、茶都是出口大宗，且居第一位。至於吃法，更是多到不可勝數，無論吃葷茹素，幾於每餐不忘，如果把豆類從我們的食品中抽出，那就所餘無幾了。美哉豆子，大哉豆子！

從前臺灣食用大豆，是經大陸運來；現在則是由美國輸入。美國自一八五三年的柏耳（Belly）收種子由我國輸入開始，迄今不過一百一十一年，而使我國的「國菜」要用美國豆子來做，吃起來總覺有些愧對祖宗！

原載五十三年八月二十二日大華晚報

豆腐閒話

孟瑤

在日常生活中，我最愛吃的一味菜就是豆腐。它潔白，是視覺上的美；它柔軟，是觸覺上的美；它香淡，是味覺上的美。它可以和各種佳肴同烹，最後，它吸收眾長，集美味於一身；它也可以自成一格，卻更具有一種令人難忘的吸引力。它那麼本色，那麼樸素，又那麼繫人心神。

豆腐的營養價值很高，它是窮人的恩物，也是中國人的恩物，據說，有中國人的地方就能找到豆腐的供應，這證明，不愛吃豆腐的中國人一定不多。不僅如此，屬於華夏文化籠罩下的外國人，也一樣愛吃豆腐，譬如日本、韓國、中南半島的國家。

愛吃豆腐的人，都說不出它有什麼特殊的味道，但每一憶及它，卻總是依戀的。想想，當你忙碌或食欲不佳的時候，做一味香椿拌豆腐，或皮蛋拌豆腐、小蔥拌豆腐，只兩三分鐘時間，或就酒，或佐餐，都十分可口。時間允許，做一味麻辣燙三者兼備的麻婆豆腐，或煎得兩面焦黃的家常豆腐，還有如今毛豆正上市，毛豆燒豆腐，綠的碧綠，白的潔白，只顏色就令人醉倒了。假如就一碗蒸得鬆鬆軟軟的白米飯，只此一味，不令人終身不厭麼？其實豆腐也不只因生活簡單而食取果腹如我的人嗜愛它。饕餮者，美食家，也很難不常常惦念它的。譚公豆腐固不去說它，平常，在大吃大喝之餘，為了不肯糟蹋一味自己最愛吃的菜，常常用它的殘汁再燒一盤豆腐。我嗜豆腐如狂，是因它容易烹調使我留戀，只須用白水煮了，沾醬油吃，竟也非常美妙。但，我卻不愛凍豆腐，因為它似乎已不是豆腐了；就好像我不嗜甜食，豆漿我卻不吃鹹的，也因為它已不是豆漿了，理由是一樣的。

豆腐是黃豆的加工品，屬於這一系列的東西很多，豆乾、豆乳、豆腦……是其中最普遍的。它們，也各有美味。

記得兒時在南京念小學，路邊小攤，常常有許多吸引小孩的零食，其中便有豆腐乾。是圓形的，香的是醬色，臭的是灰色，好像由蒲葉包裹煮成的，上面印成了花紋，十分美觀。那時我對它便嗜之如命，常常就著馬路上飛揚的塵土，一路吃回家。那時我們的住屋是在淮清橋旁邊，後門，便是秦淮河，常常有一個小販，提著一個橢圓形的食盒，由河邊拾級而上，由我們家後門進來，然後打開盒蓋，裡面是各式各樣的豆乾。那年母親還在，常常一次買許多，其中有一種蝦「子」夾心的，最是美味。

回憶，常常是很美麗的，我出生漢口，大部分童年卻在南京度過，但故鄉事，也依稀記得，有兩樣美味，似乎在別的地方沒有吃到過，一是臭千張，一是臭麵筋。臭千張是豆類的加工品，所以由豆腐擔子上叫賣，買時上面還有一層白毛（霉菌）；吃時多半用油炸得焦黃，真所謂異香撲鼻。就著乾爽的蒸飯（故鄉吃用木甑所蒸的飯），實在可口。

豆乳也有各種做法，現在臺灣就有好幾家十分出名，它，卻勾起我兩個忘不掉的回憶。抗戰時在重慶念大學，伙食一天比一天壞，因此長期陷於饑餓中，便不得不加點菜以謀一飽。最有錢的時候，當然是去飯館「吃油大」，這不是能每天如此的。等而下之，就是做一罐又鹹又辣的肉醬，又經吃又下飯，可以維持好一些日子。此外，臨時救濟辦法就是在飯廳門口買一塊豆乳，它是用竹葉包的，上面有辣椒粉，又鹹又辣，可以開胃。這種豆乳，卻不是豆乳中的上品，佐食而已。復員住在上海，門口常有叫販，一次，我便買到一種令我至今不忘，臭得美味的豆乳。好像是近郊的鄉下人挑進城裡來賣的。他挑著前後兩木盒，其形如飯甑，本色的，洗刷得乾乾淨淨，裡面，便是一圈圈、一層層的臭乳，一寸見方，排列得整整齊齊。當時，我只隨便買了一些，卻不想竟鮮美異常，以後也買，卻再也不如這次。如今，變得很有名的炸臭豆腐，但好聞不好吃，比我想念中的那一味，差遠了。

豆腐，也常給人一些聯想，譬如陳痲婆的故事，雖然傳說的內容有些大同小異，但是，一個寡婦，為了謀生，以她在烹調上的特殊會心，而燒出一樣眾人皆嗜的美味來，卻是其中不變的內容。想想吧，一個沒有丈夫的女人，甚至於也沒有兒女，丈夫拋給她的，只不過半椽破屋，於是她默默地、低著頭，為往來的客商，燒一味簡單樸素的菜，來換取自己的衣食，不妄求，也不苟取，就這樣謙抑地打發她的一生；這總是會增加人們一些淒涼寂寞之感的。所以戰時我曾住在成都，總鼓不起勇氣去拜訪與憑弔那一塊地方。

章回小說與舊劇中間，也常喜歡安排一對孤苦無依的老婆老頭以磨豆腐為生，如「天雷報」裡面的張元秀。其實磨豆腐應該是件很吃力的事，現在都用機器代替了。讓它與貧苦的人發生聯想，大概因為它利潤薄的關係。

抗戰時在重慶沙坪壩中央大學念書，一次，為趕一場話劇，一群人，只有一趟車錢，於是看完了戲便從城裡走回去，一路上又怕鬼又怕「棒老二」，便索性唱著鬧著往學校走。就好像走進舊小說裡一樣，在一片黑暗的路上，「前面忽然閃亮著燈光」，我們走過去，正是一家豆腐店在趕夜工，好追上明日清晨大家的需求。工作的人倒是一群壯漢，拿出熱燙燙的豆漿招待我們，望著夜色，喝著啜著，渾身充滿的，就是那一種說不出道不出的人情味。也因此想起，不知在哪裡看到的一則小故事：一個年輕人，父母留給他一爿豆腐店，每天辛勤工作，早上，把豆腐賣完了時，總愛坐在門口悠悠閒閒地吹起橫笛來，很難描繪那一份動心的自在與自足。它，打動了一位富家千金的心，終於嫁了他，幸福的他，也因此繼承了岳父的財產，成為富翁。從此，鄰人們再也看不見他橫笛而吹的自在了，代替它的，是晚上不停地撥算盤聲。這是個一點也不動人的小故事，卻常常會跳到我的腦子裡來。什麼有比平靜、樸素、無欲的生活更吸引人的呢？它就像豆腐一樣，說不出它有什麼特殊的味道來，但，你卻永遠懷念這平淡。

豆腐史詩

于荻

讀了孟瑤女士大作「豆腐閒話」一文，除了敘述她個人對豆腐的觀感及故事外，也說了很多豆腐的好處，頗饒趣味，拜讀之餘，謹就所知，撰成「豆腐史詩」以為續貂。

在「清稗類鈔」一書中，有如下的一段記載：

首先發明大豆之用途者，為高陽李石曾煜瀛，文正公鴻藻之子也，光宣間，嘗以大豆製成肴饌，並製為煙筒，則以大豆中之一種元素造成，能不著火。

筆者對這段記載，難表同意，至少「首先發明」四字有待斟酌，因為證諸史實，大豆用途的發明溯自漢孝文帝時代就已有明確的記載。

大豆，古語稱菽，漢以後方呼豆，「淮南子」有云：「菽夏生冬死，是九穀中穫最後者。」古時不但將大豆視為食物，同時也視為藥物，且有史為證。「氾勝之書」云：「大豆保歲易為宜，古之所以備凶年也。」張華「博物志」中左元放荒年法曰：「擇大豆麤細調勻，必生熟按之，令有光煙，氣徹豆心內，先日不食，以冷水頓，服訖，一切魚肉菜果不得復經口，渴即飲冷水，慎不可煖飲。初小困，十數日後，體力壯健，不復思食。」又「延年祕錄」也有記述：「服食大豆令人長肌膚，益顏色，填骨髓，加氣力，補虛能食，不過兩劑大豆五升，如作醬法取黃搗末，以豬脂煉膏，和丸梧子大，每服五十丸至百丸，溫酒下，神驗祕方也。」但註明「肥人不可服之」。

在「抱朴子內篇」中更引證一段很精彩的故事，說明大豆治病的淵源：「相國張文蔚庄內有鼠狼穴，養四子為蛇所吞，鼠狼雌雄情切，乃於穴外坋土壅穴，俟蛇出頭時，度其回轉不便，當腰咬斷，而劈腹銜出四子，尚有氣，置於穴外，銜豆葉嚼而傅之，皆活，後人以豆葉治蛇咬，蓋本於此。」該書更進一步註明：「大豆有黑、青、黃、白、斑數色，惟黑者入藥。」但「養老書」卻有一段與此略有出入的記載：「李守愚每晨水吞黑豆二七枚，謂之五臟穀，到老不衰。夫豆有五色，各治五臟，惟黑豆屬水性寒，為腎之穀，入腎功多，故能治水、消脹、下氣、制風熱，而活血、解毒，所謂同氣相求也。」

至於與豆類有關的詩詞，史籍甚多，為眾所周知的當首推魏曹植的七步詩——

煮豆燃豆萁，豆在釜中泣。
本是同根生，相煎何太急。

晉代名詩人陶潛有「歸園田居」詩一首，詩云：

種豆南山下，草盛豆苗稀，晨興理荒穢，帶月荷鋤歸。
道狹草木長，夕露沾我衣，衣沾不足惜，但使願無違。

其他明王伯稠、王穉登等也都有與豆類有關的詩詞，以篇幅有限，不克一一登錄，因為到目前為止，還祇談到豆腐的祖宗，還沒有談到豆腐本身哩！

豆腐，古名黎祁，清人又稱為小宰羊，在食品界有其特別清高的地位，其普受大眾歡迎的程度，恐尚無出其右者，據說某旅美華僑當年因孵豆芽、磨豆汁、製豆腐，而被天真的美國人目為神奇，竟授以化學博士的榮譽頭銜，殊不知豆腐的發明在我國是漢孝文帝時代的事，算西曆則是公元前一百六十年左右，當時新大陸恐怕還是處在「洪荒」時期哩！我們對此固不應自我陶醉，也不必懊喪浩嘆，唯一之法，除了復興我中華文化之外，更應在科學研究發明上急起直追，以恢復我們固有的聲譽。

豆腐是漢孝文帝時代淮南王劉安發明的，史有記載，也有詩為證。宋朱文公豆腐詩云：「種豆豆苗稀，力竭心已苦。早知淮王術，安坐獲泉布。」明蘇雪溪平豆腐詩更是雅極：「傳得淮南術最佳，皮膚褪盡見精華。一輪磨上流瓊液，百沸湯中滾雪花。瓦缶浸來蟾有影，金刀剖破玉無瑕。箇中滋味誰知得，多在僧家與道家。」

「隨息居飲食譜」對豆腐有如下的說明：

豆腐一名菽乳，甘涼清熱，潤燥生津，解毒補中，寬腸降濁，處處能造，貧富攸宜，洵素食中廣大教主也。亦可入葷饌，冬月凍透者味尤美。（但孟瑤女士卻認為它已不是豆腐了，而不喜愛，各人口味喜愛不同，奈何）以青黃大豆清泉細磨生榨取漿，入鍋點成後，軟而活者勝，其漿煮熟未點者為腐漿，清肺補胃，潤燥化痰。漿面凝結之衣，揭起晾乾為腐皮，充饑入饌，最宜老人。點成不壓，則尤軟，為腐花，亦曰腐腦。榨乾所造者有千層，亦名百頁，有腐乾，皆為常肴，可葷可素，而腐乾堅者甚難消化，小兒及老弱病後皆不宜食，蘆菔（註：又名萊菔，即蘿蔔）能消其積。由腐乾而再造為腐乳，陳久愈佳，最宜病人，其用皂礬者名青腐乳，亦曰臭腐乳，疳膨黃病便瀉者宜之。

以上這段記載，將豆腐的來龍去脈、旁支系統以及用途、優點等，都作了一概括的說明，筆者謹就其中幾點，提出個人的觀感。

文中曾三度提到「點」字，雖然似乎祇是輕描淡寫的一「點」，但卻的確是一門非常大的學問，是一項驚人偉大的發明。若是在今天，淮南王非得諾貝爾化學獎不可。在世間各式各樣的物質中究以何者來點，才能促使豆汁產生理想中的化學反應？點多少？什麼時候點？溫度的影響如何？……時至今日，每一個豆腐店「點漿的大師傅」都還是該店的「首席店員」。由此可見這一「點」的重要性。

其次它說到腐乳最宜病人，臭腐乳「痞膨黃病便瀉者宜之」這是有其科（醫）學根據的，二次世界大戰期間，美國人發明了盤尼西林，活人無數，被認為二十世紀偉大發明與貢獻之一。而盤尼西林的製造過程與豆腐乳的「長毛」「發霉」幾乎完全相同，不過美國人用的是科學方法，我們中國人則是「祖傳祕方」而已。

由以上兩點，我們應該可以體認到我們中國人絕不是沒有科學頭腦的民族，不但有，而且先知先覺、高人一等，我們的祖先是足以誇耀於世人的，不爭氣的人是我們後人。我們固不應再作阿Q式的自我陶醉，但也不必過分自卑，祇要我們能勿驕勿餒，勇猛精進，我們可以相信，是可以迎頭趕上，也一定會有更多的楊振寧、李政道甚至是淮南王產生的。

清朝有一位詩人將豆腐系列各物都做了一首詩，頗饒趣味，茲抄錄於後：

豆漿：醍醐何必羨瑤京，只此清風齒頰生，最是隔宵沉醉醒，磁甌一吸更怡情。

豆皮：波湧蓮花玉液凝，氤氳疑是白雲蒸，青花自可調羹用，試問當爐揭幾層。

豆花：瓊漿未是逡巡酒，玉液翻成頃刻花，何藉仙家多著異，靈丹一點不爭差。

豆滯：化身渾是坎離恩，火到瓊漿滯獨存，入口莫嫌滋味淡，鹽梅應不足同論。（滯者鍋底也）

豆乳：膩似羊酥味更長，山廚贏得甕頭香，朱衣蔽體心仍素，咀嚼令人意不忘。

豆乾：世間宜假復宜真，幻質分明身外身，才脫布衣圭角露，亦供俎豆進佳賓。

豆渣：一從五穀著聲名，歷盡千磨涕泗傾，形毀質消俱不顧，竭殘精力為蒼生。

明、陳嶷「豆芽賦」：

有彼物兮冰肌玉質，子不入於污泥，根不貴於扶植，金芽寸長，珠𥻆雙粒，匪綠匪青，不丹不赤，白龍之鬚，春蠶之蟄，信哉斯言，無慚其實。

說豆腐是窮人的恩物，也是中國人的恩物，這是不錯的，但殊不知也是帝王家的恩物哩！君不信？有史為證。

在宋牧仲所著「筠廊隨筆」中有這麼一段記載：「康熙年間，南巡至蘇州，曾以內製豆腐賜巡撫宋犖，且敕御廚親至巡撫廚下傳授製法，以為該巡撫後半輩受用，惜當時不將製法附載書中。」皇帝將豆腐特製法御賞愛臣，俾供其後半輩受用，足見這豆腐在皇帝心目中的地位如何了。

「清異錄」說：「時戢為青陽丞，潔己勤民，肉味不給，日市豆腐數箇，邑人呼豆腐為小宰羊。」

又「清稗類鈔」中有記：蔣戟門觀察能治肴饌甚精，製豆腐尤出名，嘗問袁子才曰：曾食我手製豆腐乎？曰：未也，蔣即著犢鼻裙，入廚下，良久擎出，果一切盤餐盡廢，袁因求賜烹飪法，蔣命向上三揖，如其言，始授方，歸家試作，賓客咸誇，毛俟園作詩紀之曰：

珍味鮮推郇令庖，黎祁尤似易牙調。
誰知解組陶元亮，為此曾經三折腰。

名人軼事，豆腐的身價當因此而更提高了。

說豆腐

梁容若

豆腐是平民的恩物，也是貴人餐廳的清品，可以說雅俗共賞，左右得道，男女老少咸宜。它本身缺乏動人的香味，卻可以跟各種鮮豔的顏色奇異的香味兒相配合。它使櫻桃更紅，木耳更黑，菠菜更綠。它和火腿、鱘魚、竹筍、蘑菇、牛尾、羊雜、雞血、豬腦等沒有不結因緣的。它幻化出各種不同的面貌風格，適應各色人士的複雜口味。它像孫大聖的七十二變，上天下地，神出鬼沒，卻傲然保持著本體，不改名姓。它像麻雀牌中的百搭，隨遇而安，卻為主作大，不僅是幫閒湊數。它像中藥裡的甘草，卻是有體有用，不僅是引子性質。它介乎主食副食之間，可以單用，可以佐餐。方圓大小，苦辣酸甜，隨意所欲。作湯作菜，配葷配素，幾乎無所不可。

在五穀裡，黃豆成長期較短，耐旱耐澇，適應的土地多，病蟲害少，十種九收，所以價錢特別便宜。我國大陸的農村，可以買不到酒肉，很少地方買不到豆腐。在三家村五家店的集市上，社戲廟會上，最常見最暢銷的是熱豆腐豆腐腦。一般人家遇到婚喪大事，宴客會親，講究的開八盤八碗，節約的也許是四色六色，紅燒肉、清燉雞、四喜丸子之類，能有盡有，名目雖多，總是在家畜身上變花樣。可是體面不忘節約，大盤大碗，蓋帽是一樣，襯底常常用炸豆腐，所以管飽管夠的實在只有豆腐一品。貧寒的人家只預備雜燴菜一鍋，內容是白菜粉條昆布（海帶），攙上炸豆腐或白豆腐算作提味增色的珍品了。陰曆年臘月二十五作豆腐，在農村幾乎道一風同。這種過年的炸豆腐，蒸來煮去，稱為千燉豆腐，一直吃到二月二龍抬頭，才告一段落。

人人吃得，家家會作的大眾化豆腐，一經名廚，配上山珍海味，就像良家秀女，沐宮中的粉黛，薰海外的名香，光彩照耀，儀態萬方，自然楚楚動人，身價百倍了。不必查古今的食譜，淺嘗少見如我，想起北平同和居的砂鍋豆腐、西湖樓外樓的魚頭豆腐，事隔多年，還像留著難忘的回味。北京御膳、南都譚廚的豆腐逸品，只是聽聽說說。一般館子流行的鍋塌豆腐、口蘑豆腐湯之類，也都隨時隨地，引人入勝。

河北人早飯常吃的是涼拌豆腐。把新送上門的熱豆腐，加上些麻油鹽末，拌和小蔥、香椿、韭菜花、鹹黃瓜、麻醬、鹹蛋、皮蛋等等，隨季節供應而變化，主要的豆腐卻天天當令。過去男孩們是很少會作菜的，拌豆腐嗎，我和母親、姊姊的本領不相上下。炸豆腐看著容易，也有許多講究，要豆腐水分去到某種程度，要切得方正好看，火候不強不弱，時候不長不短，才能作得好看好吃。凍豆腐、豆腐乾鄉間不流行，醬豆腐、臭豆腐要到店裡買，不是最流行的菜碼了。

中學住宿四年，豆芽豆腐幾乎是每天吃的菜，吃多人就膩了。琉璃廠六年師大官飯，是我最應當感謝國家的事，水準高，變化多，安排得營養而衛生。肉丸子之中摻了豆腐，自然是另有風味，就是蔥絲拌豆腐絲、醬豆腐半塊等小吃，也很啟發胃口。每天看見成擔的豆腐送到廚房，好事的同事就在豆腐籠寫上：「淮南發明，倉公宣傳。君臣佐使，苦辣酸鹹。學生長磅，老闆賺錢。大哉豆腐，億萬斯年！」

說到豆子的營養價值，相傳倉公對黃帝說過：「大豆多食，令人體重。」晉朝張華的「博物志」和嵇康的「養生論」都有類似的記載。有人把健康體質相近的雙生兒，一個餵牛奶，一個餵豆漿，兩相比較，結果發育的情形極相近。過去高僧們戒葷腥，過午不食，能維持良好的健康，豆腐該是主要補品。禪門多研究豆腐的烹調，功德林一類餐館，用一品豆腐，變化出多少花樣，中看中吃之外，也須考慮到營養，因為念經弘法，送往迎來，「著了袈裟事更多」，和尚居士們也還是需要精力的。

提鍊精華，淘汰渣滓，豆腐具有科學家的精神。柔和寬容，與物為善，和平中正，有體有用，豈不近乎哲人的修養？顏色麼，潔白、淺黃、深褐、灰暗……形狀麼，方、圓、整、碎，鬆緊軟硬，五光十色，隨緣幻化，這又是藝術家的現身了。

熱天做豆腐，要快磨快煮，豆漿一有發酵，就精華飛颺，只剩渣滓了。俗話說：「懶人做豆腐，有渣可吃」，就是諷刺著大意失荊州。豆腐是不用嚼的，可是吞下太熱的豆腐，十分危險難受，所以說：「緊嘴吃不了熱豆腐。」賣豆腐通常是老實本分人的事，諺語說：「張飛賣豆腐，人強貨不硬。」也許是說，像張飛那樣硬漢，就不會賣豆腐。但是內子猜想張桓侯怕是真賣過豆腐，他也許深有會心於剛柔相濟之道，試看他寬容懷柔頂撞倔強的俘虜嚴顏，大得幫助，又在流民群裡贏得名門淑女夏侯夫人的青睞，生男育女，高大門楣，不僅是粗中有細，也像是以柔克剛了。（按：張飛的夫人，是夏侯霸的從妹，在建安五年，出去斫柴，為張飛所得，遂以為夫人，時年僅十二歲。生二女，先後為蜀漢後主劉禪的皇后。夏侯霸以魏的護軍右將軍降蜀，劉禪指著他的兒子向夏侯霸說：「這是夏侯氏的外甥啊！」）

豆腐之思

孔瑞昌

西方人並不都喜歡吃豆腐——事實上，可能大多數都不愛吃。不過，他們也許是不懂口腹享受的人；而我呢，因為與日俱增地發現豆腐的清淡妙味及它在烹調中多方面的才華，所以我對豆腐和一切它的加工品，是越來越喜愛了。幾乎每一頓飯，我都得要一盤有豆腐的菜。我最喜歡的，就是一盤生冷豆腐，上頭撒一些蔥末，澆一些醬油、麻油，或者蝦油的「涼拌豆腐」。吃這種菜時，品嘗的是豆腐的原味，而不是用來陪襯別的主味食品或者作為墊底菜時的豆腐滋味。豆腐通常被人認為本身沒有滋味，所以總是做陪襯，而吸收別的食品的滋味，或者做他種菜的調劑物，使這道菜肴的滋味得以恰到好處。豆腐的這種退讓謙虛的本質，和它調和中庸的能力，正符合道教的教義，無疑是它在烹調方面的重要作用（就彷彿西餐的拌沙拉中的乳酪一樣）。說豆腐本身沒有滋味，其實是不對的。有這種說法的，該是那些不會辨別微妙滋味的人。舉例來說吧，有人會嘗出清水有甘甜與惡味之別；而同樣是米，在來米和蓬萊米的滋味也有差異。

我們對清淡的滋味的領略，自不及領略濃冽醇美的滋味那般容易，正好像大多數人（至少大多數西方人）不容易領會微小事物的美，是同樣的。有些渺小的野花，其形狀之精巧和色彩之豔麗，絕不遜於許多大花朵；很多小昆蟲器官構造之複雜，和它們非凡的美麗，會我們目瞪口呆；如果把它們放在動物園裡，放大到像人類一樣，那麼我們便會領略它的特點了。我們對事物的感受，必是有一個界限的；未達到這個界限的事物，除非對它特別注意或者有特別的修養，就不能領會其中的美妙。豆腐屬於感受界限以下的事物，注定被認為平淡無味，因此，它能因陪襯其他的食品而發揮它的長處，實在還是很幸運的。

雖然在歐美較高級的中國及日本餐館中，西方人也有機會吃到各種以豆腐烹調的菜肴，可是到臺灣來觀光的人，儘管可能嘗食山珍海味，卻有吃不到豆腐的危險。原因是在中國菜肴傳統和食品等級的分別上，豆腐可說是中國菜肴的基礎了，但因為它是一種平民化食品，價格低廉到任何人都買得起，所以被認為不配在高貴的宴席裡出現。這個觀點，是我不久前參加由淡江文理學院主辦的國際比較文學會議時所體會的。在開會期間，有四天工夫排滿了宴會，筵席包括各式各樣的佳肴美味，只是找不到一點兒豆腐的蹤影。四天中有一個傍晚，我回家吃晚飯（當然少不得一盤有豆腐的菜），於是我猛然醒悟於兩者之間的差別。假若我是由外國前來參加這項會議；假若我是第一次吃中國菜；那麼我必定會對筵席上的魚翅羹、炒田雞以及蜜汁火腿等等欣賞備至——然而，我對中國菜的看法，又該是何等的歪曲呢!?

小時候我住在俄亥俄州的托雷多，在我家附近有一個農夫是種黃豆的。事實上，在俄亥俄及其他各地，許多農夫都種黃豆，因為它在美國是一項很賺錢的農產品。不過我對黃豆的用途一直弄不清楚。也許黃豆是用來餵牲口的；美國有一種很受歡迎的的人造奶，也是用黃豆製成的；另外把黃豆壓榨成油，也是一項重要用途。直到我來到臺灣以後，我才發現：美國生產的大豆，有一大部分都出口到這裡來了。臺灣向外國進口的黃豆總值，佔它主要外匯的第六或第七位呢。可是黃豆在臺灣的用途是變成不離本位的豆腐、豆漿、豆芽以及新鮮的毛豆。奇怪的是，黃豆成品在中國菜肴中佔如此重要地位，而此地黃豆種得並不多。也許是由外面進口反而經濟。也可能是原來在中國大陸上大量出產，而現在中斷的緣故。

在臺北街巷的各種店鋪及小生意中，我覺得製造豆腐的店是最有趣的。它夾在噴出陣陣煙霧喧鬧不休的機車修理店、製賣低劣的西式糕點的西點麵包店，或者銷售現代文化產品的百貨店之間，就彷彿是一個堅持復古的標幟。它使人聯想起傳統文明的高雅——那手藝至上的大師傅，那永遠小心製作的產品。雖然做豆腐需要精確的控制方法，可是豆腐店竟沒有一點兒可以讓我們想得起現代實驗室的。這種店鋪裡的設備，看起來已經有幾世紀之久；屋子也都是污穢陰暗的建築物；裡面是如此之紛亂，真使人懷疑怎麼能實際派上用場。可是，它們做出來的豆腐成品，卻是永遠一致的高級品質。我就從來沒有吃到過一塊壞豆腐。所以，做豆腐的這一行業，正如製造法國酒的手藝一樣，完全是根據幾百年下來的經驗累積，而和實驗室科學無關。

豆腐加工以後製成的各種成品，可真是洋洋大觀！有豆腐皮、豆腐乾、豆腐乳、霉豆腐、凍豆腐——全都是以豆腐做原料，經過差不太遠的簡單過程而製成的。可是每一種成品，吃起來的滋味和它的質地，卻都是各成一家而絕不雷同的。菜市場內賣豆腐的攤販，要把這麼多的種類來分類和售賣，實在是件夠複雜而又很好玩的事。

差不多所有的豆腐加工品我全吃過，我不必假裝說我都喜歡吃，比方說臭豆腐吧，就永遠引不起我的食欲。不過，夠諷刺的是，它的「香」味卻跟一些我非常喜歡的、用牛奶及羊奶合製成的乳酪非常相似。即使如此，我仍然無法「愛屋及烏」地去喜歡臭豆腐。我也懷疑，中國人喜歡臭豆腐的，恐怕也不見得對這些乳酪有興趣。為什麼我們對作為文化一部分的自己的食品中某些特別強烈香味的喜愛，不能輕易地轉移給另外一種文化中香味相似的食品呢？這種對某種香味的特別欣賞，原是普遍都有的。多數西方兒童（我也不例外），也並不是一下子就喜歡上這些以強烈辛辣聞名的乳酪的（是否中國孩子對中國食品也是如此？）。不過，把這種欣賞進一步擴展，而超越文化的區限，則是另外一回事了。

譯後記

夏 龢

孔瑞昌是一位在臺北研習華語的美國青年，他的美國名字是李查・孔斯特（Richard Kunst）。來臺一年以後，今年暑假他在史丹福華語中心，以名列前茅的成績畢業。他和他美麗的太太珂琳以及出生才一個半月的兒子，不久就要離開臺灣。孔瑞昌和他太太，對中國的生活和文化，不僅愛慕之至，而且親身體驗不遺餘力。在臺期間，他們不僅日常生活完全中國化，孔太太且每天提著菜籃上市場，跟菜販用國語打交道買菜，然後下廚房洗、切、炒、煮，一一實驗她從各位中國太太學習來的菜譜。一年下來，她已經燒得一手道地的中國家常菜了。孔瑞昌在吃他太太燒的豆腐時，很有些感想，正好林海音編輯「中國豆腐」一書，邀他寫稿，他便寫成這篇帶有哲學意味的隨筆。由這篇關於豆腐的文章，可以看出孔瑞昌對中國文化的研究，已非泛泛，而文章最後一段，似乎更啟示一些什麼——文化的吸引敵不過故國之戀，正好像臭豆腐不能與乳酪相比一樣？原文用英文寫成，謹試譯出以饗讀者。

我，豆腐，他。

力爭

看報上消息，有一本豆腐專輯出版，特地跑去「中國書城」看看。在「純文學」攤位上，發現一本顏色悅目，富於中國味兒的書擺在眾書之中，非常惹人喜愛，它就是「中國豆腐」。買了之後急著回家去讀。內容就像豆腐本身一樣精彩絕倫，有考證、散文、諺語、詩歌、傳說、專訪等。一篇「金鉤掛玉牌」，更使我回憶起來，因為這道菜曾給我們夫婦引來齟齬。這是後話。

為什麼「中國豆腐」如此吸引我，特地跑去買它呢？因為豆腐和我的婚姻有微妙的關係。

我是臺灣省人，土生土長的。我的他是安徽省人，但是落戶在南京。先談談我自己，從懂事起，我就天天看見一位老人，每天清晨四點鐘，挑著擔子，搖著鈴賣豆腐，模樣兒很像畫報上的聖誕老人，紅光滿面，尤其那個又大又圓的鼻頭，更是紅得像熟透了的桃子。他有一個很特別的嗜好，擔子上除了一板板的豆腐外，還有一大瓶一升裝的清酒。有趣的是，當有人買他的豆腐的時候，他就喝口酒，大小口隨他自己的意思。這樣一升酒配合一擔豆腐，餓了就吃塊油炸豆腐，再喝口酒。七點多鐘賣完了就回家睡覺。到了下午四點鐘，他又搖著鈴賣那黃昏的一擔豆腐並喝那一升酒。清晨的鳥鳴和黃昏夕陽中的鈴聲叮噹，與雪白的豆腐，交織成我的美麗的童年。如果說我這個人還有些靈性，說豆腐是功臣也不為過。

我家並不富裕，一天兩次鈴聲，使食桌上常出現豆腐的倩影。它共有三種姿態變換著出現：一種是清爽素食，僅在早晨吃，蘸生薑泥和味精醬油。一種是用油煎成雙面金黃，撒上生薑絲，加味精醬油，一天三頓都吃它（我最高興早晨能吃到這樣煎的豆腐）。另一種是煮黃豆醬（味噌）湯，內放極新鮮的魚塊和蔥段，這是一道很普遍的日本湯。我家除了湯食以外，只要吃豆腐，伴著它的一定是生薑。那是有道理的，因為豆腐的形成過程中，必須加入石膏，而石膏是寒性的，生薑是暖性，如此配合起來，相互中和，也就不損傷身體了。人本是習慣成自然，因此我每吃豆腐必加生薑，否則就覺得不合口味，也失去家鄉味了。

二十歲那年，嫁了個外省人。初當主婦，什麼葷腥的菜都不敢碰，怕髒，所以常吃豆腐。我的他除了煮湯的吃些以外，其他兩種連筷子都不碰。婚後有一天，他和我講起他的家鄉的種種事物，說起他祖母吃東西如何考究，除了液體，其他的食物一概吐渣。我就不相信，找遍所有不能吐渣的問：「難道肉鬆也要吐？」

「吐！」

猛然想到豆腐：

「豆腐呢？」

「……不吐了！」

我就說：

「你比老祖母還要考究，從來就不吃豆腐。」

他直瞅著我說：

「你的豆腐（聽說外省人說『吃你的豆腐』是壞話，我的老天，這裡可是指純粹的豆腐啊！）太腥氣。」

「腥氣？廢話！」我說。「魚湯的豆腐，你不怕腥，要吃。煎豆腐卻怕腥不吃，這不是廢話嗎？」

「你不要大聲，生薑解腥味，要不然幹麼豆腐裡放生薑泥生薑絲？」聲音比我的大。

「還說什麼吃得考究，食物中的寒性暖性都不懂，還談個什麼勁兒？」

他硬說我不對，我不由得傷心哭泣。想著沒有嫁他之前，那麼多本省青年追我，不嫁，偏嫁這個外省人。這是第一次豆腐在我婚姻中起了風波。

又有那麼一天，他帶我們母女上臺北，幾位同學請我們在館子裡吃飯。上來了一盤五彩繽紛像爛泥巴的菜，只聽堂倌大叫：

「麻婆豆腐來了！」

豆腐？豆腐可以這樣煮？我瞠目視之，卻也忍不住嘗了一口。欸！不錯！我看他那頓飯有了麻婆豆腐，竟連吃了三碗飯，還現出滿足的神情。回家後，我也如法炮製，做了好多次，雖不道地，可是他每次吃這道菜，好像就對我特別溫存些。這又是一次豆腐在我婚姻中的影響。

又有那麼一天，我要請客，沒有買到做湯的材料，就請他代勞跑一趟市場。沒有想到他買回來半隻鴨，一大包黃豆芽，三塊豆腐。當時，我沒好氣的說：

「既然買鴨，為什麼不買酸菜，也好燒個鹹菜鴨（臺灣名湯），買黃豆芽跟豆腐幹什麼？」

「三種放在一起煮湯嘛！」

「黃豆芽燒豆腐，做湯？這不成了買豬骨（豆芽）燒豬肉泥（豆腐）了嗎？」

「你說豬骨呀，沒有買到排骨才買鴨的，不然有排骨更好！」

氣死我啦，咬著牙自己跑一趟市場，買了酸菜，燒了個鹹菜鴨湯。這一道湯也收到預期的效果，大家吃得很高興。

第二天，我氣呼呼地把那一大包黃豆芽洗淨，用豬油炒一下，撒上些鹽，豆腐也下鍋，加上水，隨它去煮。平常做湯，豆腐都是汆一下，吃它的嫩。這次我是居心不良要煮成又老又難吃的東西。沒有想到約四十分鐘後，一陣說不出的香味兒飄蕩出來，我懷疑，難道這味兒就是那個莫名其妙的湯飄出來的嗎？跑去廚房打開鍋蓋，豆腐已浮著起麻孔（「中副」主編仲父先生說叫「蜂窩」），只覺一股香味撲鼻，忍不住用勺子舀了些湯嘗嘗，咳！味美極了。這就是「金鉤掛玉牌」給我們的一場糾紛。

以後，我對豆腐的烹飪也學了不少。冬天，這一道湯（當然加排骨）就像仲父先生所說的那樣，吃得很高興。如今，他遠在英倫，讀了這篇「金鉤掛玉牌」，更加的懷念他了。奇怪的是，這一道湯有這樣美名，卻從來也沒聽他說過。我將特地修書要他猜猜「金鉤掛玉牌」是什麼菜。喔，差一點忘了，到今天為止，生薑泥生薑絲的豆腐，他照樣「不下筷子」，而我是「他的」跟「我的」豆腐都愛吃，因為豆腐使我的婚姻更為恩愛融洽啊！

原載六十年十一月四日國語日報「家庭」版

考據豆腐

豆腐考

篠田統

一般以為豆腐是紀元前二世紀漢淮南王劉安的發明。日本的奈良朝至平安朝，即在八世紀至十世紀時，一切皆模倣唐朝，而在該一時期的日本文獻中，卻完全不見有關豆腐的記載。這不能不說是一值得疑問之事。本文是追究這一疑問的結果。

豆腐的發現

在日本，豆腐始於淮南王說的普及，最有力的，大概是由於明李時珍的「本草綱目」。「本草綱目」卷二十五「豆腐集解」項下：「時珍曰：豆腐之法，始於漢淮南王劉安。」這話說得很確定。「本草綱目」在日本江戶時期，是一部很流行的書，不特為醫師本草家所誦讀，並亦為一般知識分子所誦讀。

或許是由於道學者朱熹的影響，德川幕府所提倡的儒學，是以朱子學為標準。朱子的「次劉秀野蔬食十三詩韻」豆腐題下注曰「世傳豆腐本為淮南王術」，詩曰：「種豆豆苗稀，力竭心已苦。早知淮王術，安坐獲泉布。」朱子大全是江戶時代道學者必讀之書。故豆腐始於淮南王說，大概是因此而普遍地傳入於民間。

但，實際上，在中國，豆腐是始見於什麼時代的文獻？「太平御覽」、「事物紀原」，以及比較新的如「三才圖會」、「古今圖書集成」，皆未收錄豆腐，故祇有自己在古文獻中一一搜索。

豆腐，不見於淮南王編輯的「淮南子」，亦不見於其收錄各種方術的「淮南萬畢術」。中國最古的農書，即在紀元前一世紀的「氾勝之書」的大豆項下，亦不見有豆腐的記載。紀元一世紀的許慎「說文」，稍後的劉熙「釋名」，三國魏張揖的「廣雅」，及以後的字書類，晉張華的「博物志」及以後的「志怪書」等，亦皆不見記有豆腐。

南北朝時，有北魏賈思勰的「齊民要術」，內容為十卷九十章，前半是說農業生產，後半是講農產品加工調理，所述頗詳，是一部有名的書，而其間沒有一語說到豆腐。同一時代，南朝蕭梁有「神農本草經」，這是現存最古的本草書，其中沒有提及豆腐。稍前的劉宋時代的虞悰的「食經」，亦不見有豆腐。

隋虞世南的「北堂書鈔」、謝楓的「食經」，唐代的「藝文類聚」、「初學記」等類書，蘇敬的「新修本草」、楊曄的「膳夫經」，以及以段成式的「酉陽雜俎」為首的其他如「封氏聞見記」、「松窗雜錄」、「集異記」、「博異志」、「唐國史補」、「杜陽雜編」、「桂苑叢談」、「三水小牘」、「雲溪友議」等筆記類，以及後代記述唐朝事物的「本事詞」、「唐摭言」、「因話錄」、「南部新書」、「北夢瑣言」、「唐才子傳」、「續世說」等隨筆文集，皆不見記有豆腐。日本的慈覺大師（圓仁）有「入唐求法巡禮行記」，亦沒有記吃過豆腐。

日譯「漢文大成」文學部第十二卷中收錄的「會真記」以下的傳奇小說、「花間集」、「白香詞話」及作者手頭所有的駱賓王、陳子昂、杜甫、李白、元次山、李賀、杜牧、韓愈、白居易、柳宗元、孟郊、王建、張籍、韋莊、溫庭筠、聶夷中、杜荀鶴等的文集以及女作家薛濤、魚玄機的文集，敦煌的曲子變文中，亦皆不見記有豆腐。

五代韓顥所著的時令書「四時纂要」，是記載唐末農業與食品加工的唯一專書，該書中亦無豆腐的記載，頗出作者的意外。作者羅列上述書名，絲毫沒有炫耀博學的意思，祇是說，後人如追究豆腐的起源，則上述書籍可不用再檢，以節省精力。據作者的追索，最初記載豆腐的是宋初陶穀的「清異錄」。

「清異錄」第一卷官志十六項中第九項記時戢的逸事，題曰「小宰羊」，文曰：「時戢為青陽丞，潔己勤民，肉味不給，日市豆腐數箇。邑人呼豆腐為小宰羊。」陶穀是五代後期至宋初的人，故其所記時戢的逸事，當在宋初或較宋初稍前的時期（「宋書」無時戢傳）。青陽屬安徽池州府，是在江南。據此可知：豆腐成為肉類的廉價的代用品，在該一時期，似已普遍。

以後，豆腐的記載大見增加。在本草書方面，見於宋蘇頌的「圖經本草」、寇宗奭的「本草衍義」，在農書方面，見於元王禎的「農書」，皆在大豆項下，附記曰「作腐」、「為豆腐」。元吳瑞的「日用本草」始為豆腐特闢一章，李時珍「本草綱目」收錄豆腐是根據吳瑞。

但李時珍的記載，很明白地是錯誤。吳瑞的「日用本草」三卷是作為附錄收載在萬曆重刻本金李杲（東垣）的「食物本草」七卷後為第八、九、十卷，豆腐的記載是在第二卷中，質言之，豆腐的記載是在李杲的「食物本草」中，而不是在吳瑞的「日用本草中」。李時珍的這一錯誤，大概是出於疏忽。

上列豆腐的記載，是記其本草學的藥效，或是作為農業的產品。至以豆腐為食物或菜肴的記載，則在北宋時代，尚不甚多。或許因豆腐是粗賤的食品，故記述北宋末期（第十二世紀初葉）國都開封的繁華的「東京夢華錄」中不見有豆腐。蘇東坡有以三白飯饗友人之說。所謂三白飯，據說是指豆腐、蘿菔、白飯三者。但這是後世的傳說，北宋時的三白飯，應是白鹽、蘿菔、白飯三者。三白飯是貧民膳食的代表，早見於唐楊曄的「膳夫經」。瀟灑的東坡先生，會不會作此陳腐的模倣，是很可疑的。

問題是蘇氏「蜜酒歌」中所說的豆乳。歌曰：「脯青苔，炙青蒲，爛蒸鵝鴨乃匏壺。煮豆作乳脂為酥，高燒油燭斟蜜酒……」有人以為這豆乳是指豆腐。但這豆乳是與鵝鴨酥蜜酒並陳，故與其視為貧民食品的豆腐，不如按照字面直截地解作豆乳，似較妥當。豆腐之名不雅馴，清代褚家軒（「堅瓠集」）謂元時的孫大雅因此稱之曰菽乳。明胡文煥（「名物法言」）謂「豆腐曰豆乳」。但這都是後世的用語，似皆不能溯及於北宋。

南宋時，值得注意的，有楊萬里的「豆盧子柔傳」（見於「誠齋集」一一七卷）。豆盧氏是自三國魏晉南北朝至唐五代的中國北方的名門。這文章開首是說「豆盧子柔名鮒，世居外黃縣」。這是楊氏的遊戲文字，其意是說「豆腐（諧作鮒）中柔，由黃豆做成」。「豆盧子柔傳」全文長六四七字，此處不具錄。日本天明時代的「豆腐百珍」中，將該文收錄於卷末，而頗有節略。

此處要注意的，是該文沒有一語提到淮南王，但後人卻一直沒有注意到這一問題**（註一）**。這可能是震於朱子的權威，而無人敢於提出異議。但近人畢竟是比較勇敢，柴萼「梵天廬漫錄」曰：「……相傳為漢淮南王劉安所造，究亦莫得而考矣。」唐訓方（清「里語徵實」）、魏崧（清「壹是記始」）亦皆以淮南王說為出自稗史。既說是稗史，就當不得真，祇能存而不論了。

宋元二代有關烹飪的書籍，如「膳夫錄」、「中饋錄」、「玉食批」、「居家必用」、「雲林制度集」中，皆不見有烹煮豆腐的記錄。祇有收集文人菜肴的林洪（南宋）的「山家清供」是記著雪霞羹（以豆腐與芙蓉花共煮，紅白相間，甚美）、東坡豆腐（以油煎，上加榧實粉）二種。又回憶南宋末期國都杭州的「夢梁錄」卷十六，在麵食店項下曰：「……又有賣菜羹飯店，兼賣煎豆腐、煎魚……煎茄子」，但以為「此等店肆，乃下等人求食粗飽」之處。

明代以後，豆腐是很普通的食品，成為家常菜肴中的一項。據說明太祖朱元璋的父親就是賣豆腐的（張定「在田錄」）。「遵生八牋」、「物理小識」等書，皆記有以豆腐為材料的菜肴。

很有趣的，是清宋犖的自傳（「西陂類稿」卷四二），其中記著宋氏七十二歲為江寧巡撫，值康熙南巡，在蘇州謁見時，康熙憐其年老，賜以煮豆腐法，曰：「朕有自用豆腐一品，與尋常不同。可令御廚太監傳授與巡撫廚子，為後半世受用。」本是下等人食用的豆腐，至是可說是很顯耀了。故柴萼感嘆地說：「今人率以豆腐為家廚最寒儉之品，不知直上關君主之注重，且恐封疆元老不諳烹製之法，而鄭重以將之如此。」

中國的豆腐加工品，有凍豆腐、豆腐乾等，這許多，在日本亦有。但主要的加工品是醬豆腐、臭豆腐，則皆為特殊的發酵產品，國情有別，與日本人的風俗嗜好距離過遠，作者是無從說起了。

腐、黎祁

在上文中，筆者對於腐字的定義，是故意地沒有提及。實在說，以腐為食品，是很難想像的。中國有人不稱豆腐而稱之曰菽乳，上文已經提及，其厭避腐字，可以想見。日本亦有若干地方不考慮音韻而稱曰「豆富」。然則，在中國，怎會產生「豆腐」這一名詞？

古時的字書，如漢代的「說文」、「釋名」，以後的「玉篇」、「類篇」，降至清朝的康熙字典，「腐」字的意義，皆為「爛也、朽也、敗也」。日本最古的字書，如昌住的「新撰字鏡」（泰昌中，約為西元八九〇年），亦釋為「爛也、臭也、敗也」。即解為腐敗、腐朽或腐臭，或再加上作為刑罰的腐刑，即宮刑。諸橋轍次的大漢和字典的解釋，亦不出這一境域。

至此，我們不再考慮正統派字書的解釋，而試行追索在豆腐以外再有沒有以腐為名的食品。探索的結果，知有粟腐、麻腐、薯蕷腐、乳腐等。其中，前三者是罌粟豆腐、胡麻豆腐、山藥糊（日語是Tororo，可英譯作 grated yam），皆較豆腐為晚出，可暫置不問。問題是乳腐。

清袁枚的「隨園食單」中，有一奇妙的解釋，說乳腐相當於乾酪（cheese）。日本的食物字典類中，有採用這一解釋的。但這是與牛羊乳很少關係的江南人的袁枚的誤解。乳腐二字不見於古代與中國人有交涉的北方游牧民族的生活記錄中，例如在「史記匈奴傳」中，即不見有乳腐二字。故追索其起源，甚為困難。

「唐書」（舊一五九，新一六三）穆寧傳，附錄其四子，並錄時人以乳製品為喻，評其四子曰：「贊少俗，然有格，為酪；質美而多實，為酥；員為醍醐；賞為乳腐。」穆寧死於貞元十年（西元九七四年），年七十九歲。由此可見：在第十世紀末葉，酪與乳腐，在唐人食品中，甚為普通，同時這亦是指示此二者在性質上很接近的證據。

自「史記」、「漢書」以來，酪是一般熟知的乳製品，但該字不見於「說文」，而「廣雅」是說「酪，漿也」。王念孫「廣雅疏證」在古典中舉出很多例證以說明此語。因特異的字體甚多，故此處從略。要之，酪是漿，是一種帶有酸味的飲料。

據元代的「居家必用」庚集第三七至三八頁以述製酪的方法，是「牛乳不拘多少，取於鍋釜中，緩火煎之，緊則底焦，燂牛馬糞火為上。常以杓揚，勿令溢出，時復徹底縱橫直勾，勿圓攪。若斷，亦勿口吹。吹則鮮候四五沸便止（**譯按：此處應為二句，疑**

有脫誤）。瀉入盆中勿揚動。待小冷，掠去浮皮，著別器中，即真酥也。餘者生絹袋濾。熟乳乾淨磁罐中臥之。酪罐必須火炙乾候冷，則無潤氣，亦不斷。若酪斷不成，其屋中必有蛇蝦蟇也。宜燒人髮、牛羊角辟之則去。其熟乳，待冷至溫如人體為候。若適熱臥則酸，若冷則難成。濾訖，先以甜酪為酵，大率熟乳一升，用甜酪半匙，著杓中以匙痛攪開，散入熟乳中，仍以杓攪勻。與氈絮之屬覆罐令暖良久，換單生布蓋之。明旦酪熟。或無舊酪，漿水一合代之，亦不可多。六七月造者，令如人體，只置於冷地，勿蓋熇。冬月造者，令熱於人體。」

日本平安朝的「新撰字鏡」（西元八九八——九〇〇年）是說「加入梅漿」，「倭名鈔」（承平初，約為西元九三五年）是訓酪為乳粥。所謂酪，可視為沒有把牛油（**butter**）完全分離的**Yoghurt**。

「本草綱目」卷五〇除開有類似記載外（**註二**），尚有乾酪，其製法是「以酪曬結，掠去浮皮再曬，至皮盡，卻入釜中炒少時，器盛。曝令可作塊，收用」。這不妨視為相當於現今的**cheese**（**註三**）。

後世的「養小錄」（清、顧仲，見於「學海類編」）則謂「牛乳一椀（或羊乳），攙入水半鍾，入白麵三撮，濾過，下鍋，微火熬之，待滾，下白糖霜，然後用緊火，將木杓打一會，熟了，再濾入椀，吃嗄」。這不酸，祇能說是變質的酪（**Yoghurt**）。

與酪字比較，乳腐二字是較為晚出。就作者所見，最早大概是隋謝楓「食經」中的「加乳腐金玉萊臛（鱉）」。

造乳腐法，不見於古書。試錄李時珍「本草綱目」卷五〇所記乳腐項，則為：「諸乳皆可造，惟以牛乳者為勝爾。臞仙神隱書云，造乳餅法，以牛乳一斗絹濾入釜，煎五沸水解之，用醋點入，如豆腐法，漸漸結成，漉出以帛裹之，用石壓成。入鹽甕底收之。」這是說以醋加入牛乳中而濾取沉澱（這與上述的酪相當），再加壓去汁使其凝固變硬。故這無疑地是cheese。與上述的酪同樣，其中亦混有相當多的牛油（butter）。

現代的蒙古人，是從乳中先把脂油（即butter）分離，以後使行乳酸發酵，由形成的乳酸，使乳中的蛋白質（casein）沉澱（這是不含脂油的Yoghurt，亦就是酪），經過濾後使凝固的，是稱曰Khorot（這是相當於乳腐），而視以為貯藏食物。Khorot中，初時尚有乳糖殘留，微有甜味，尚稱可口，經二、三個月後，則又硬又酸，是很難吃的。

北平東安市場的吃茶店及戲院中，尤其是在夏季，皆出售Yoghurt，中國話是奶酪，頗為大眾所喜愛。據京都大學人文科學研究所很熟悉蒙古乳製品的梅棹忠夫之說，則現在的蒙古人是稱Yoghurt 曰萎乳（Adesen Su），並不飲用，而一定是在作成Khorot（即乳腐，亦即cheese）後，方纔食用。

至是，我們要問：此乳腐的腐字，是什麼意義？

很明顯地，這個腐字絕不能依照傳統的解釋，即絕不能解作爛、朽或臭。這或許是「萎乳」或「枯乳」的直譯。但如為直譯，則應作「腐乳」，並且這應是相當於酪（Yoghurt），而不是Khorot。如為Khorot，則腐字的發音是奉甫切，腐或相當於Khorot的Kho。但這很難說得過去，因Kho是喉音，而腐是脣音，這一轉化是很難想像的。

據梅棹忠夫之說，現代蒙古語，在乳製品中，不見有可轉訛為「腐」的食品。故這或許是鮮卑滿洲系的語言，亦可能是Khorot一語在古代另有別的發音。要之，作者以為「腐」字是乳製品的胡語對音。若為胡語的對音，就說不上腐敗腐朽，亦說不上有什麼不潔之感了。在南北朝五胡十六國時，胡人席捲長江以北，胡風的飲食，是浸潤著中國人，不問中國人是喜歡或厭忌，乳製品的「乳腐」（cheese），大概是會擺上中國人的食桌的。

於是，與乳腐同樣的軟軟的貯藏性的食物，就通稱曰「腐」。上文所說粟腐、麻腐，即係此類，其中自亦包含著由豆乳作成的乳腐的代用品的豆腐。

故「圖經本草」在大豆條下有「作腐」，「天工開物」（明宋應星）的菽項下有「為腐」字樣，而稱賣豆腐者曰賣腐家。康熙字典是有名的字書，而對於腐字祇說「爛、敗、朽」，不及於豆腐的腐字的本義，則不能不說是一大缺憾。

陸游詩有「洗鬴煮黎祁」語，自注曰「黎祁為豆腐之四川方言」。「元虞集」亦以黎祁、來其為豆腐的俚語。若祇有這兩項，或不過使人感覺這方言甚為奇妙。但問題是在服虔的「通俗文」中有「酪酥謂之訑餬」一語。「通俗文」已沒有完整的本子，清任大椿自「一切經音義」及其他書籍中將引用的「通俗文」一一抽出，輯錄使之還原。上述一語是見於「正法華經」、「四分律」、「瑜珈師地論」的註釋中，故這大概是梵語或西域語。清魏茂林的「駢雅訓纂」中引「玉篇」曰：「酡酟，乳腐也。」至是可知黎祁、來其、酡酟等音，自漢至唐，是用以指乳酪、乳腐，而自宋至元，是用以指豆腐。更確實說，則不妨說是用以指「腐」。在此附帶要說的，是後世詩人喜用僻字者，亦往往稱「黎祁」（註四）。

豆腐之傳入日本

至是，要考慮的是：豆腐是在何時傳入日本？

如前所述，豆腐不見於日本的相當於唐時的著作，即不見於延喜式，亦不載於「新撰字鏡」、「倭名鈔」等字書類，並亦不見於「本著和名」（延喜中，約為西元九二〇年）、「醫心方」（永觀二年，西元九八四年）、「醫略抄」及「續群書類從」中所收錄的醫書類中。作者查到的最古的文獻，是院政時代行將結束的壽永二年（西元一一八三年）正月二日奈良春日若宮的神主中臣祐重的日記。在奉獻的「御菜種」中，紀有「春近唐符一種」一項（**註五**）。

五十餘年後，有日蓮上人的信（弘安三年，西元一二三九年）。這是覆謝送給故南條七郎五郎的祭禮的信，其中有Suridōfu的名字。這應是豆腐，但似非後世「豆腐百珍」中所舉示的**Hikidzuritōfu**。這究屬是怎樣的豆腐，作者不明。

在其他第十三世紀的文獻中，很遺憾，尚未有所發見。但自第十四世紀以後，則自「游學往來」、「庭訓往來」等「往來」類的書籍開始，豆腐的記載，驟見增加。試將該項日記、記錄中最初記載豆腐的項目，按年代排列，則大體如下：

1	嘉元記	建武五年（一三三八）	豆腐汁（Tōfudzu）
2	祇園執行日記	貞和五年（一三五〇）	毛立（Mori）
3	蔭涼軒日錄（季瓊真蘂分）	永享九年（一四三七）	田樂（Dengaku）
4	尋尊大僧正記	康正三年（一四五七）	唐布（Tōfu）
5	御湯殿上日記	文明九年（一四七七）	Oden
6	後法興院記（近衛政家）	文明十一年（一四七九）	白壁（Shirakabe）來自奈良一乘院
7	蜷山親元記	文明十五年（一四八三）	白壁來自奈良興福寺
8	蔗軒日錄	文明十八年（一四八六）	田樂在泉州堺
9	蔭涼軒日錄（龜泉集證分）	長享元年（一四八七）	村田樂（Muradengaku）

10 鹿苑日錄　延德元年（一四八九）　豆腐（Tōfu）
11 經厚法印日記　享祿五年（一五三二）　Tōfu
12 私心記　天文三年（一五三四）　典樂（Tengaku）
（在「石山本願寺日記」中）

以後，例證甚多，上文舉示者是約到戰國時為止，其他不復列舉。要之，由此可知：在那一時期豆腐亦被寫作同音的唐符或唐布。異名是稱白壁（後世家庭主婦稱豆腐曰Okabe是由此引出），而以豆腐做的菜肴，則主要的是田樂（註六）。

該一時期的豆腐，幾皆見於冬季。例如在「御湯殿上日記」中，自文明九年（一四七七）至長享二年（一四八八）的十二年中，豆腐的記錄有四十四次，其中，陰曆十月是六次，十二月是四次，而在冬至前後的十一月竟多達三十二次。質言之，是壓倒性地多見於嚴冬季節。在其他的日記、記錄類中，亦有同樣的傾向。

據此，似可推測：在當時，豆腐的製法，尤其是保存的方法，恐皆不甚完備，並且一般的需要似亦不多，故在冬季以外，可能不做豆腐。做豆腐的，大體是以寺院為多。這大概是因可供僧人靜修時期的食用，並且因僧人茹素，需要量多，在做一次後，可供應需要而不會有餘剩之故。因寺院常做豆腐，其做法可能比較熟練，例如相國寺的塔頭蔭軒就嘗受命供應過足利將軍靜修日所食用的豆腐。

豆腐適合作冬季食品的另一證據，見於室町中期的七十一番職工歌唱會中。在插圖（「群書類從」收載）中，有女人坐著，在其面前的板上，列置自豆腐箱中取出的各種大小的豆腐，口中唱著「請吃豆腐，這是奈良來的豆腐」。一個女人，自奈良走三十餘公里把豆腐運到京都，我們可推測這豆腐相當堅硬，並且，如果不是冬季，大概亦是不可能的。

歌唱的辭句，詠月是說：**Hurusato wa Kabe no Tatoe ni Naradōfu, Shiroki wa Tsuki no somuke zari keri**，詠戀是說：**Koisureba kurushikarikeri Udzidōfu, Mamehito no Na o ikadetoramashi**。其中，**Naradōfu** 是奈良豆腐，**Udzidōfu** 是宇治豆腐。據是可知當時出現在京都市場上的豆腐，不是在京都所做而是相當遙遠地來自奈良或宇治。

細觀上表，不特豆腐的最初的記載（即①嘉元記，這是法隆寺分院西園院的日記），是見於奈良，而④⑥⑦項，亦皆謂來自奈良。當時日本的對外（主要是中國大陸）貿易港是堺（**Sakai**），奈良與堺間的距離，是較京都與堺間為近（⑧是堺的記載），故奈良接受外來文化，是較京都為近便。在日本開始做饅頭的林淨因，歸化於日本時，最初的住居是在奈良，而由紹鷗利久傳承的堺市的茶道，其始祖是奈良的珠光。故室町時期接受大陸文化的中心地點，實在是奈良。就日本接受大陸文化的觀點，我們對於奈良，實有再加研究的必要。

就食品言，例如在嘉元記、多聞院日記中的菜單，與京都者，是稍有不同處的。以造酒言，京都很久祇做一石、二石，而奈良很早已做十石的木桶。做大型而不漏水的木桶，其前提是一定先要引入優良的鉋。關於這一點，作者已有論述（篠田：「米與日本人」頁一八二）。要之，奈良與堺的距離近，自大陸傳入日本的文物及技術，最先到達的是奈良。上舉數例，皆可為證。

在十六世紀，豆腐已完全成為日本的食物。日本陸續想出了各種特有的調理方法。例如在天正十四年（一五八六），山科言繼以湯豆腐下酒，「大草家料理」書中有麵條豆腐（**udontōfu**）、**Toyatōfu**、有餡豆腐（**Antōfu**）等三種。江戶時期，在「料理物語」（寬永二〇年，一六四三年）中有田樂以下共十三種豆腐的調理方法。

最先引入豆腐的奈良，水質不佳。江戶，要從很遠的玉川引水，相當費力。就水質言，京都的水，是清冽的硬水，故京都的豆腐的品質，日見向上。第二代市川團十郎在「老來享福」中，舉示京都的名產，豆腐是其中之一。出售祇園豆腐的二軒茶屋，在當時可說是天下馳名。

因此，在天明二年（一七八二），以「百珍」為名的書籍之首的「豆腐百珍」，是在京都出版，翌年出續篇，而第三年在江戶居然出了拾遺篇。到明治時代，東京忍川主人的「豆腐料理」（明治三十八年，一九〇五年），亦是不可遺忘的書籍。

但是，豆腐的老家中國，在豆腐加工方面，是有著顯著的不同，這一點需要注意。前文已經說過，凍豆腐、豆腐乾是相同的，在中國，發酵製品的醬豆腐、臭豆腐，甚為盛行。日本方面較特殊者是飛龍頭（江戶方言稱擬雁Ganmodoki）（註七），此外祇有田樂、油豆腐、燒豆腐，其味都很清淡。關於豆腐加工法及調理法的變遷，容俟另有機會再寫。

結語

一、在中國大陸上，自南北朝至唐代，北方的游牧民族，大量進入中原，其時，牛羊乳的加工品，尤其是其保存方式的乳腐，亦隨著進入中原。

二、中原人民，不從事畜牧，不易獲得原料的牛羊乳，於是就以容易入手的豆乳為原料而做成其代用品的豆腐。這大約是唐朝中期以後的事情。

三、宋時，豆腐漸見普及，在江南，亦成為普通的食品。但除開特殊的情形外，尚未成為士大夫的食品，而祇是下層階級用以佐膳。

四、明代以後，豆腐擴及於上層家庭，有時且調理成帝王專用的高級豆腐。

五、豆腐之傳入日本，是在院政末期。大概是由僧人傳入，中心地點是奈良。

六、至室町末期，因水土關係，豆腐成為京都的名產。加工調理的方法，漸見改良，以至於今日。

七、乳腐豆腐的腐字，與腐敗腐朽等字義無關，根源大概是胡語，詳細情形尚待考查。

八、豆腐另有「黎祁」之名，這可能是印度或西域系統的語言。

作者附記

一、承坂出祥伸的指示，知袁翰青「中國化學史論文集」中載有豆腐。袁氏亦否認豆腐始於淮南王說，而追溯文獻及於「本草衍義」，故以為豆腐是始於宋代。

二、承岡一弘的指示，知宮下章著有「凍豆腐歷史」（一九六二），該書卷首的「豆腐的發明」一章中，其關於中國的部分，不足稱道，關於日本的部分，則收錄有若干作者所沒有引用的文獻。說到凍豆腐，其議論甚為精緻。

三、承宮下三郎的指示，知青木惠一郎有「豆腐及凍豆腐的由來」，載於「東亞時論」（一九六六）。這是宮下章文章很拙劣的抽摘，不足供參考。

譯者附記

于景讓

自牛乳中將脂肪分離，這脂肪現在稱曰牛油或黃油（butter），古時是稱曰酥。牛油分離不完全的乳汁（主要的成分為蛋白質）或不分離牛油的牛乳，稍經乳酸發酵，而微帶酸性者曰酪。酪經濃縮，是稱醍醐。酪沉澱而去汁後，是稱乳腐。這乳腐，英語稱曰 curd。乳腐乾燥後，是稱曰乾酪。乾酪加鹽味者，即今之 cheese，故 cheese可譯作乾酪。現在做 cheese，使酪沉澱，是用 rennet。作者推測，腐是胡語的對音。譯者推測，酥、酪及醍醐亦是胡語的對音。

作者以為中國之製豆腐，其方法是得之於製造上列乳製品的過程。在豆乳中加鹽滷汁或石膏液，使蛋白質沉澱凝結，即為豆腐。豆腐的英語，是 bean curd。現在，豆腐經發酵加鹽，是稱乳腐。這乳腐與古時（例如「本草綱目」）所說的乳腐，意義不同。古時所說的乳腐，是乳製品，包括著 curd 與 cheese 二者，據孫宕越的高中人文地理教科書，現在是稱奶豆腐。

故作者從技術的觀點，以為中國之製豆腐是在北方游牧民族入據中原之後。

譯者註

註一：「豆盧子柔傳」沒有提到淮南王是事實，而託始於漢武帝時。文末稱太史公曰：「豆盧氏在漢末顯也，至後魏始有聞，而唐之名士有曰欽望者，豈其苗裔耶。鮒以白衣遭遇武皇帝，亦奇矣。然因浮圖以進，君子不齒也。」據楊氏文，則是暗示豆腐起源於漢武帝時，這或許就是暗示豆腐始於淮南王。並且據楊氏文似可在北魏與唐代文獻中，找到豆腐。但搜索困難，或許是可遇而不可求的。

註二：「本草綱目」卷五〇據「飲膳正要」述造酪法曰：「用牛乳半杓，鍋內炒過，入餘乳熬數十沸，常以杓縱橫攪之，乃傾出，罐盛待冷，掠取浮皮以為酥，入舊酪少許，紙封，放之，即成矣。」

註三：原文作butter，譯者以為應是cheese。經譯者向原作者詢問，知為失誤，故代為改正。又「居家必用」的曬乾酪法，是：「七八月間造之，烈日炙酪，酪上皮成，掠取更炙，又掠，肥盡無皮乃止。得斗許，鍋中炒。少時即出盤盛。曝乾浥，浥時作團如梨大。又曝極乾，收。經年不壞，以供遠行。作粥作醬。細削，以水煮沸，便有酪味。」

註四：據柴萼「梵天廬漫錄」卷三六：「清代某科試題有來其賦，以製昉淮南，贊傳虞集為韻。查慎行敬業堂集有豆腐詩和楊芝田宮坊四首之二云：來其鄉味君休笑，三德虞家有贊辭。原注：事見虞伯生集，陸放翁以豆腐為黎祁，見劍南稿。來其，黎祁，一聲之轉耳。」

註五：唐符、唐布，日本發音為Tōfu，與豆腐為同音，故唐符、唐布就是豆腐。

註六：田樂，是烤過的豆腐，上加日本的味噌（Miso）。典樂是田樂一聲之轉。毛立，據作者信，是相當於現在的Mori，可解作「盤盛」或「盆盛」豆腐。

註七：飛龍頭是以加醋的飯為餡的油豆腐，日本用以祀狐。

（勉兒逝世後二十日校）

原載六十年三月「大陸雜誌」第四十二卷第六期

古籍中的豆腐

伍稼青

「古今圖書集成」中關於豆腐的資料，集錄如下：

本草：時珍曰豆腐之法始於漢淮南王劉安。凡黑豆、黃豆及白豆、泥豆、豌豆、綠豆之類，皆可為之。

造法：水浸磑碎，濾去滓，煎成以鹽滷汁或山礬葉或酸醬醋，澱就釜收之，又有入缸內以石膏末收者，大批得鹹苦酸辛之物，皆可收斂爾。其面上凝結者，揭取晾乾，名豆腐皮，入饌甚佳。

品字箋：俗麻豆之經營者名腐，亦取敗爛之義。

氣味：甘鹹寒有小毒。

甯原曰性平。

蘇頌曰寒而動氣。

吳瑞曰發腎氣疥瘡頭風，杏仁可解。

李時珍曰按延壽書云，有人好食豆腐中毒醫不能治，作腐家言萊菔入湯中則腐不成，遂以萊菔湯下藥而癒。大抵暑月恐有人汗，尤宜慎之。

主治： 甯原曰寬中益氣和脾胃消脹滿下大腸濁氣。李時珍曰清熱散血。

附方： 休息久痢白豆腐醋煎食之即癒。

赤眼腫痛有數種，皆汗熱血凝也，用消風熱藥服之，夜用鹽收豆腐片貼之。酸漿者勿用。

杖瘡青腫豆腐切片貼之頻易，一法以燒酒煮貼之，色紅即易，不紅乃已。燒酒醉死心頭熱者用熱豆腐細切片遍身貼之，貼冷即換之，甦省乃止。

中國諺語志「豆腐」句子略鈔

朱介凡

要是薛思達牧師在此，他可能為「中國豆腐」這本書，寫出若干有關豆腐製作過程的諺語，那是技術性的口訣形式：怎樣選原料啦？如何浸泡豆粒啦？上磨的訣竅啦，煎熬豆汁的準則啦，點滷水的程度啦，豆花兒的上板啦，黑夜裡做豆腐的種種情況啦……等。薛牧師是陝西鄠縣人，民國三十三年寫成「西京俗語雜字類註」，分類凡三十八綱，於關中地區農民習用諺語的集錄，達到相當精深地步，譬如「磨碾」、「車輛」，他居然能找到有關其材料選取、製作過程、成品檢驗、使用方法的諺語。我曾兩讀其初稿與增訂稿。按想，他所記有關豆腐的諺語，一定比我高明。

這裡，只能就自己近年所撰「中國諺語志」初稿已成的部分，略鈔以下四篇中關乎「豆腐」的句子：「一二〇　德行篇」，「一三二　飲食篇」，「一六〇　論理篇」，「五二九　地方風土篇」。

這各篇，依所屬諺語的集結，歸納分析而形成其體系結構，今抽出「豆腐」諺語句子加以摘述，那自然就顯得零碎紛雜了，這是特當說明的。

甲

麻紛雨，打濕衣裳；豆腐酒，喝掉家當。（湖北）　或「毛毛雨，打濕衣裳；豆腐酒，敗喪家當。」（川北）　勉人節儉。吃豆腐下酒，其實是極省錢的，但日積月累，則仍然耗費可觀，江西諺語所以說：「零碎不覺堆」也。

小蔥拌豆腐——一清二白。　或「豌豆尖煮豆腐——來清去白。」（四川自貢）。尖字，讀如顛。喻為人行事，當求清白。

豆腐店關了門——架子還在。（湖北安陸）　譏人好面子，充闊氣，擺空架子。

雷公打豆腐——從軟的下手。（湖南平江）　喻欺軟怕硬。

老豆腐切邊——做嫩。（江蘇宜興）　切去邊沿，豆腐自顯得嫩了。　喻做作，或老充少等情形。

一手提的豆腐渣，一手拿的草鞋，是圖你穿的，還是圖你吃的？（江蘇）　喻貧之無所享求。

賣豆腐的不拿秤——憑（拚）刀子。　鬥殺。

豆腐做的——碰不得。（江西彭澤）　喻人不好惹。

豆腐渣上船——不是貨。　斥罵人失德。

人不對，打豆腐都要缺角。（川東）　喻不相投合。

賣豆腐的回家，都好。（北平）　齊鐵恨釋：賣豆腐的吆喝「豆腐」，其音與「都好」相近。

快刀打豆腐——二面都光生。　喻兩邊討好或兩邊皆好看，或多方適應等。

先前鐵釘咬得斷，跟後豆腐咬不糜。（廣西）　把輕諾寡信事態，形容盡致。「跟後」、「糜」兩口語詞彙，很可注意。

賣豆腐的挑戲臺——好大的架子。（安徽）　或「賣豆腐扛戲臺——架子不小。」（河南）　「賣豆腐擔戲臺——貨軟架子不小。」（豫北）　「賣豆腐挑架戲臺子——貨不多，架子可不小。」（豫西）　譏驕傲自大。

看人吃豆腐——牙快。（安徽滁縣）　空羨。

嘴是豆腐，心是尖刀。　或「豆腐錘子刀尖心。」（河南懷度）　斥陰險。

乙

吃肉不如吃豆腐，又省錢來又滋補。（江蘇）

饃饃十八餅二十，紅薯只撐八里地，豆腐渣站起來就要餓。（河北）　食品所生熱力的等差。

天天吃豆腐，病從哪裡來？

若要富，吃碗胡蔥燒豆腐。（江蘇常州）　楊煒述。每年冬至，常州人家，不論窮富，必吃胡蔥燒豆腐這道菜，認為天氣寒冷，此菜有和煖身體、調理腸胃之效。又因家戶、鄉土，歷代傳習成風，可得好兆頭也。

有福沒有福，黏粥小豆腐。（山東）　李惠民述。小米摻地瓜、綠豆、黍子米，熬成稠粥，冬天吃，祛寒氣，所以有「裡皮襖」之說。或謂之「磨黏粥」。財東家偶爾也加白糖、紅棗為甜粥；或煎豆腐塊、蝦米、粉絲、花生米、胡椒末為鹹粥，而都加上豬油。小豆腐，是農家自作，黃豆加蘿蔔葉、白菜或野菜、地瓜葉等製成，營養很大。人們吃膩了大蔥蘸大醬，要換換口味，甚至是有犒勞自己的意思，就吃小豆腐，乃名之為「窮漢肉」。（凡按，謂豆腐為窮漢肉，確非誇語，就我在陝西長安南鄉情形看來，長安為關中富庶地區，南鄉更古有「福地」之說，可是鄉村人家，除有喜慶，平常日子是很少買豆腐吃的。）

懶豆腐　清同治、湖北「宜昌府志」卷十一：「鶴峰，日食以包穀為常，在邑者間食稻米，日泡黃豆數升，磨破和渣汁入野蔬煮之為常菜，俗名懶豆腐，又曰和渣。」民間苦食，捨不得棄除豆渣。

腐乳當不得葷。　此，城市間看法。猶憶民國二十三年之際，在河北大名城，識一位王姓朋友，他是由教會送往美國學神學的留學生，剛結婚，把濮陽鄉下老母親接出奉養。夏日黃昏，幾次去他家，看他們的飲食是：小米粥、饅頭、紅腐乳。我屢屢私下勸他，不必如此儉省，總得炒兩樣菜，讓老人家吃好點，況且，你新夫人已經懷孕了，也需要營養。他並不與我爭執，卻也從不肯改變。若干年後，想到北方鄉下日食乃以雜糧為主，哪有頓頓吃白麵饅頭的？苦食儉樸的社會風氣如此，王兄當時若接納了我的意見，可能老人家還不習慣哩。齊如山「華北的農村」陳述這種情形至詳。

貴人吃貴物，賤人吃豆腐。（華北）　「賤」或作「窮」。

豆腐白菜壓斷桌子腳，趕不到魚刺嚼一嚼。（武漢）　嚼，讀作「學」。陶滌亞述，幼年時代，常聽他母親述說。

豆腐十八配。　可搭配任何葷、素菜品來調製，真是比「藥裡的甘草」還要多適應。此「中國豆腐」一書之大大可美也。

丙

以下諺語，皆以比喻見意。

豆腐水做，閻羅王鬼做。　喻事物本質。

櫻桃拌豆腐——有紅有白。（東北）　喻事物質、量關係。

張飛賣豆腐哩——人強貨弱。（陝西）　喻質低，質偏少。

豆腐渣糊到南牆上——看你那一堆。　喻質之缺欠。

豆腐盤成了肉價錢。（湖北）　盤，反覆撥弄意。喻事物處理失當，價值上不划算。

腥鍋裡熬不出素豆腐來。　喻不可能。或邪惡環境中難有好人。

馬尾巴穿豆腐——提不起來。　喻力之不濟。

一二三四五：青菜煮豆腐。（江西彭澤）　上句為起興。喻適應或對等。也正如閩西的諺語：「甲子乙丑：鹽魚配酒。」

豆腐掉在灰裡頭——吹也不能吹，拍也不能拍。（湖南長沙）　或「豆腐掉在灰塘裡——摸也摸不得，打也打不得。」（湖北安陸）「豆腐掉下灰堆——吹不起，拿不起。」「豆腐掉在灰窩裡——吹不得，打不得。」喻失調。

豆腐渣貼門神——不貼板。喻失調、岔錯。

豆渣掉進水缸裡——散了。（湖北麻城）喻散失。

賣豆腐的得了兩畝老窪地——漿裡來，水裡去。（山東）喻得而復失。安徽鳳城，上句作「賣豆腐的積下河沿的地」。或「賣豆腐置河灘地——水裡來，也要水裡去。」（豫北）

水豆腐，燙煞養媳婦。（江蘇江陰）水豆腐，在飯鍋中蒸，故熱燙。喻受剋制或滯難。

紅糟煮豆腐——混紅混白。（客家）喻混淆。

葡萄拌豆腐——一嘟嚕一塊。（北平）形容其攪混與囫圇吞的情況。

豆腐調韭菜——不青不白。喻混雜。

醬油調豆腐——不用鹽。（豫北）喻罷休。

麻繩捆豆腐——不提也罷。（武漢）喻無用提論。

豆腐落地，沾三分灰。（南京）或「豆腐掉在地上——多少要沾點灰。」（南京）喻沾污或關係之難於擺脫。

豆腐無水，閻王無鬼。（廣東海豐）　反語。喻一定有。
跳過肉盆吃豆渣。　喻捨優而取劣。
有肉不吃豆腐。　喻高下間的揀選。
沒傢沒伙，做什麼豆腐？　喻造就事物的條件。
常吃豆腐，眼就是秤。（山東）　喻觀察明辨。

丁

以下，為各地風土諺語。
南門豆腐北門蝦，西門柴擔密如麻；只有東門無啥賣，葫蘆茄子搭生瓜。（江蘇無錫）　南門的豆腐、百頁，出品細嫩。
豆腐，麻雀，紹興人。（浙江）　從前地方官守，幕僚裡缺不了紹興師爺；又言紹興人在外邊謀生者之多，跟豆腐、麻雀一樣普遍。
遂昌三樣寶：爬山過嶺當棉襖；蕃薯乾，當蜜棗；青菜豆腐吃不了。（浙江遂昌）
爬山過嶺當棉襖，應指窮者衣少，賴此取暖。
樅陽豆腐桐城鮓。　道光、安徽「懷寧縣志」卷七錄諺，特稱其鮓魚之美。凡按，樅陽屬桐城，豆腐之出名，當是味鮮質嫩了。

黃州的豆腐，巴河的藕，樊口的鯿魚，鄂城的酒。（湖北） 黃州府，清治黃崗，轄有七縣。

桃源的酒，陬市的糖，河洑的絞條一拿長，水溪的豆腐像城牆。 絞條，謂油條。拿，湖南方言字，讀如派，意謂兩手左右平伸的長度，又謂豆腐硬如城牆，皆誇言也。陬市、河洑、水溪，皆在常德、桃源間。

銅頭鐵尾豆腐腰。 豆腐腰，謂黃河出龍門後，無山峽的約束。

小小宛平縣，三家豆腐店，城裡打屁股，轉圈都聽見。（河北） 謔說宛平縣城小。

正定府、三宗寶：朴糕，粉漿，豆腐腦。（河北）。

泰安三美：豆腐，白菜，水。（山東） 或「泰安有三美：煎餅，豆腐，水。」當地人說，泰安地帶，水質好，所做豆腐，白嫩細軟，而仍富韌性，可切條塊。

延平豆腐邵武傘，建陽婦人不用揀。（福建） 延平豆腐所含水分特佳。

銅延平，鐵邵武，爛豆腐，建寧府。（福建） 爛豆腐，喻其城池形勢。

上杭豆腐乾，清流薰鼠乾。（福建） 或「閩西五乾：明溪筍乾，連城地瓜乾，永定霉菜乾，武平老鼠乾，上杭豆乾。」

□□街子兩頭低，男賣豆腐女賣□。（雲南） 滇南某地，荒僻，俗傳其女子不貞。「兩頭低」，隱含「風水不好」的意思。

嘉腐，雅魚，漢源雞。（四川） 嘉定腐乳，雅安青衣江中的丙字魚，皆屬美味。

溫江的醬油保寧醋，郫縣就把豆瓣醬出，榮隆二昌出麻布，酆都出的豆腐乳。（四川） 榮隆二昌，指榮昌與隆昌。這四句諺語的腔調，很有四川話的韻味。

合川醬油保寧醋，酆都出的是豆腐乳。（四川）

榮隆二昌出麻布，忠州出的豆腐乳。（四川）

豆腐的同類製品豆花，是四川很有名的一道菜，四季吃來皆清爽適口，卻無有諺語說到，也許是因為太普遍了。猶憶民國二十年左右，南京都城欣欣向榮，黃埔同學開的豆花村飯館，生意興隆極了。與後來四川餐館之趨於奢豪氣派，情境頗有不同。

豆花既為王公大人所嗜美，也為叫化子的常食。盛宴美食，無論於餐前，或是酒酣耳熱的中間，或是飽食將畢，吃點豆花，總是鮮美開胃的。窮叫化呢，得一碗豆花，幾根泡菜，這一頓，也就很美了。

「中國諺語志」其他篇章內，有關「豆腐」的句子，自然還有的是，如：

世間三種苦：撐船，打鐵，賣豆腐。 無論冬夏，午夜即需下力勞作，黎明時分就得準備發賣。如果提前在頭天下午做，豆腐隔夜，就不新鮮了。

早酒，妒妻，槓頭鞋，行船，打鐵，磨豆腐。（江蘇鎮江）槓頭鞋，謂於腳趾，既壓且擠。此六事，以例指人生的艱苦感受。

豆腐落在肉鍋裡。（湖北）喻順境。

人倒楣了，吃豆腐也塞牙。喻逆境。

上述資料，已很可觀，就請免鈔了。

六十年八月十三日

古典文學中的豆腐

樂蘅軍

林先生：

這兩天抽空又找出幾條豆腐資料，另紙抄奉，供您參考。

魏晉筆記小說我沒找，唐傳奇大約翻了幾篇記吃的地方，都還不見，宋人平話中絕對沒有，明人短篇「三言」翻了可能會有的幾篇，結果也沒有。大概短篇描寫簡略，沒有特別作用，就不把這家常的吃食寫上。還是後來幾個長篇裡出現的多一點；而且可能您會覺得有趣的是：寫男人故事的小說，似乎沒有豆腐（因未遍查），只有酒肉，像「三國」、「水滸」就是。講享樂的「金瓶梅」也是酒肉多，豆腐少。

昨天特別跑到圖書館去找宋人筆記。居然，終於用兩個小時在「夢梁錄」（專記南宋首都杭州風物）不下兩千多種吃食裡找到兩條豆腐。在密密麻麻一片裡看到這兩個字真是如獲至寶，可是不免奇怪，杭州人未免太不愛吃豆腐了。

「儒林外史」裡的豆腐，是可以保證全都搜出來了（因為這幾天我從頭到尾看了一遍）。

衡軍

鏡花緣

唐敖隨妹夫林之洋航行到「淑士國」，淑士國四周有十數丈高的梅樹林圍繞，酸氣沖天。國內賣的東西以青梅虀菜為多。唐敖、林之洋、多九公三人上了一座酒樓，酒保先送上一碟青梅、一碟虀菜、三杯酒，林之洋嫌酒酸菜少，酒保再送上一碟鹽豆、一碟青豆、一碟豆芽、一碟豆瓣。又添四樣：一碟豆腐乾、一碟豆腐皮、一碟醬豆腐、一碟糟豆腐。總之，拿了半天，沒一樣葷菜，三人大倒味口。

（第二十三回）

醒世姻緣

狄希陳家的廚子尤聰，從前被薦到胡春元家時，人家試他的手段：「煎豆腐也有滋味，擀薄餅也能圓泛」。……後來在廚房很專橫惡劣：「買辦簿上一日一斤香油，支派買到廚房，他一些也不與那眾人食用，自己調菜熼火燒、煎豆腐，不勝受

用。」（按：後來尤聰惡意糟蹋食物，被雷殛死）（第五十四回）

童奶奶給狄希陳薦買一個做飯的丫頭，狄員外（狄希陳之父）要試她手段：「狄員外道：『童奶奶你不費心罷，我叫人買幾個子兒火燒，買幾塊豆腐，就試試這孩子的本事，要是�的豆腐好，可這就有了八分的手段了。俗這小人家兒勾當，待逐日吃肉哩！』」（第五十五回）

浮生六記

芸喜食芥滷乳腐，又喜食蝦滷瓜。芸曰：腐取其價廉而可粥可飯，幼時食慣。芸以麻油加白糖少許，拌滷腐，亦鮮美。以滷瓜搗爛拌滷腐，名之曰「雙鮮醬」，有異味。（卷一）

儒林外史

鄉人申祥甫要請夏總申：「新年初三，我備了個豆腐飯，邀請親家，想是有事不得來了？」（第二回）

（其他）和尚待客：紅棗、瓜子、豆腐乾……等，鄉人送家館先生麵筋、豆腐乾等。（第二回）

匡超人從杭州回到家鄉，自力更生，養活父母，每天清早起來磨豆腐賣：「又把豆子磨了一廂豆腐，也都賣了錢。」

（第十六回）

小販擔上賣芝麻糖、豆腐乾、腐皮、泥人、小孩吹的簫、錫簪子等。

（第十六回）

匡超人再回杭州，途中結識了景蘭江，景蘭江告訴他：「我的店在豆腐橋大街上金剛寺前。」

（第十七回）

匡超人朋友潘三，經常假造縣府公文「家裡有的是豆腐乾刻的假印。」

（第十九回）

豆腐乾下酒：牛浦郎（後來冒充牛布衣）的祖父牛老爹，招待隔壁米店卜老爹，燙了一壺「百益酒」，「撥出兩塊豆腐乾和些筍乾、大頭菜，擺在櫃臺上，兩人吃著。」

（第二十一回）

牛浦要去揚州，途中在小店裡吃飯：「走堂的拏了一雙筷子，兩個小菜碟，又是一碟臘豬頭肉，一筷子蘆蒿炒豆腐乾……」

（第二十二回）

牛浦在大觀樓，牛玉圃（**註：小氣的窮士**）請他吃飯：「走堂的搬上飯來，一碗炒麵筋，一碗膾腐皮，三人吃著。」

（第二十二回）

本家請余大先生、二先生吃飯「九個盤子……一盤豆腐乾」。

（第四十五回）

蓋寬和一個鄰居老爹，玩雨花臺，去吃茶：「又吃了一賣牛首豆腐乾。」（第五十五回）

紅樓夢

寶玉從薛姨媽處喝酒回來，問晴雯：「今兒我那邊吃早飯，有一碟子豆腐皮兒的包子，我想著你愛吃，和珍大奶奶要了，只說我晚上吃，叫人送來的，你可見了沒有？」（第八回）

鳳姐告訴劉姥姥茄鯗的做法：鳳姐兒笑道：「這也不難，你把才下來的茄子，把皮籤了，只要淨肉，切成碎釘子，用雞油炸了，再用雞脯子肉並香菌、新筍、磨菇、五香腐乾，各色乾果子，俱切成釘子，用雞湯煨乾，將香油一收，外加糟油一拌，盛在磁罐子裡封嚴。要吃時拿出來，用炒的雞瓜一拌就是。」劉姥姥聽了，搖頭吐舌說道：「我的佛祖，倒得十來隻雞來配他，怪道這個味兒！」（第四十一回）

迎春房裡的小丫頭蓮花兒代司棋向廚房要碗燉雞蛋，柳嬸子不肯，蓮花兒說道：「前日要吃豆腐，你弄了些餿的……」（第六十一回）

夢粱錄

酒肆條：「……更有酒店，兼賣血臟豆腐羹、爊螺螄煎豆腐、蛤蜊肉之屬。」（卷十六）

麵食店條：「……又有賣菜羹飯店兼賣煎豆腐、煎魚、煎鮝、燒菜、煎茄子，此等店肆，乃下等人求食粗飽，往而市之矣。」（卷十六）

西遊記

大海裡翻了豆腐船，湯裡來、水裡去。（第六十一回）

金瓶梅

豆腐掉在灰窩裡，吹彈不得。（第三十六回）

關大王賣豆腐，鬼也沒的上門。（第五十七回）

關大王賣豆腐，人硬貨不硬。（第七十八回）

豆腐・節婦・傳麻婆

陸德枋

「誰人留得菜香遠？而今處處道麻婆。」

麻婆豆腐，本來不算是一道高貴的名菜，可是在巴黎，在倫敦，在非洲金夏沙，在澳洲墨爾本，今天仍然隨處留著她的芳蹤，如果陳氏姑嫂地下有知，也會感到萬分光榮與驕傲了。

成都北門順河街，是一片木材集中地區，遍街之上，幾乎家家都是木行，即使有三家兩家做的不是木材生意，但也依賴木材過活，唯一例外的，大約就是由木行改業的麻婆豆腐飯店了。

原來婆娘家姓溫，是北門火神廟萬豐醬園大掌櫃的七姑娘，七姑娘小名巧巧，她上有三個哥哥，三個姊姊，個個資質都很平庸，唯有巧巧長大了以後，真是出落得芙蓉如面柳如眉！一雙水汪汪的眼睛，加上一副玲瓏飽滿的身材，假如以現代眼光審美，她真算得是隆胸豐臀，媚態天生，像這樣一個美人兒，老天偏弄促狹，在她粉臉上撒下一些白痲子。但她痲得嬌！痲得俏！她十七歲那年，嫁給順記木材行四掌櫃陳志灝。新婚以後，小倆口恩愛異常，正因如此，大嫂二嫂，在嫉妒中，就有意無意的散播些讒言蜚語，不是大嫂說巧巧生得桃腮杏眼，準主剋夫無後，就是二嫂說她的奶大臀肥，定是片刻離不開男人的蕩婦妖姬，天長日久，原來對她頗為疼愛的婆婆，也慢慢由冷落而加以責罵了。本來嘛！四掌櫃自從結了婚後，木行也不去走動，從早到晚，小倆口躲在房裡嘰嘰咕咕，除了吃飯之外，簡直腳不出戶，不挑水，不煮飯，那還了得，於是一家大小的箭頭，都指在新媳婦一個人身上──雖然從來沒有人分派她的工作。

她的三哥三嫂，從前也是受不住婆婆嫂嫂的冷言諷語，而遠走高飛，在那數百里外的重慶，另外開了一家藥房。大概是受了她三哥三嫂的影響，夫妻暗暗商量妥當，分得了少數現金和三間街房，也離開了陳家老窩。街房自己住了一間，剩下的仍然租給一家羊肉店和一家豆腐坊，四掌櫃就到二十里外的馬家碾，替一家榨房當起管事，每天早出晚歸，白天她用針線打發寂寞，終日緊閉門戶，過著甜甜蜜蜜的歲月，唯一遺憾的，是她沒有替四掌櫃生下一男半女。第二年春天，她的小姑淑華，因為和二嫂吵嘴，賭氣離開了爹娘，投靠她的四嫂，從此姑嫂相依，房裡也不時漏出調謔笑語。馬家碾一帶，盡是油坊，成都崇寧新都三角地帶，小春半是菜子，這些菜子，又多半集中在馬家碾榨油。四掌櫃生性和善，待人親切誠懇，一兩年後，他已由稱油發油的管事，升為採購推銷及收款員了。在他經手稱油發油時間，對那些窮苦挑伕異常體憐，稱得斤兩夠，發得油質純，祇要挑伕不在中途搞鬼摻雜，就是油簍漏掉一斤半斤，第二天他準會補上，絕不使苦力白賠血汗。

他家住的地方，是馬家碾進城必經之路，早上發油填票，等挑伕吃過早飯，動身總在八點鐘左右，沿途走走歇歇，挑到陳家門口，時間也差不多快十二點了。熟一些的挑伕，總愛在陳家歇息一陣，再趕進城吃飯交油。有些挑伕認為四掌櫃的為人厚道，從沒有讓他們受到買主挑剔退貨的麻煩，一遇到土裡新出了小菜，或者剛養成了的大肥雞，總要送些上陳家門口。雖然他倆再三推辭，可是送的人心誠意定，窮苦的人禮輕仁義重，於是祇好一禮全收。

那時候平民生活簡樸，除了初二十六之外，平日甚少葷腥，哪怕別人送的是一升半升蠶豆，總也不能簡慢客人。好在隔壁左邊賣的是羊肉，右邊賣的是豆腐，買點羊肉燒上一碗豆腐，再配了兩樣小菜，在鄉居人家看來，也就覺得不顯菲薄了。

這樣的幸福生活，剛剛度過了十年，不幸的命運，卻降在她身上，光緒二十七年七月十五日四掌櫃在金堂馬家渡翻了船，從此她失去了心愛的丈夫，從此她幻滅了人生的美夢，她哭乾了眼淚，仍然尋不回他的影子，一月之間，健美的巧巧就形銷骨立。淑華看她四嫂孤苦伶仃，加上十年相依的情感，怎又捨得極為疼愛她的四嫂，自行出嫁——雖然她已經十九歲了。陳家溫家都派人接她們回去，但都被她倆堅決拒絕，她倆知道那碗閒飯，並不容易享受。姑嫂倆為了生活，不得不面對現實，打開門戶。

陳家兄弟，早已拆產分居，溫家女兒又沒有財產承繼權利，何況翁姑爹娘，又已先後去世，因之日子就越過越感艱苦。雖然婆家按月派人送些木皮碎屑，娘家也按月送些醃菜醬醋，但仍然不能解決她倆生活問題，誰曉得溫家幾斤豆母醬油，竟使四掌櫃娘後來名揚中外！

巧巧生有一雙好巧手，做得一手好針線，姑嫂都是能剪會裁的女子，僅僅添了一張案板，裁縫店就立刻開張。可是附近人家，都不是豪門巨富，除了過年，平常很少添製一件藍布長衫，或者一套白布褲褂，那些醉翁送來的豐厚工資，她倆既不願收，而窮苦街鄰送來的針費線錢，又不願受，於是不到半年，生意就冷淡下來。好在那些油擔子，看她們打開店鋪，每天又來歇腳，有些帶點米，有些帶點菜，沒有帶米帶菜的，就在隔壁買點羊肉豆腐，其餘的人在油簍內舀點油，生火的生火，淘米的淘米，洗菜切菜，祇等巧巧來上鍋一燒，就可飽餐一頓了。大家故意省下一口，就足夠姑嫂早晚兩餐而有餘。這些誠摯的情誼，不但鼓舞了巧巧枯萎的心情，而且更使她練出一手專燒豆腐的絕技。

在眾口宣揚聲中，巧巧所做的臊子豆腐美名，竟傳遍了溫（江）郫（縣）崇（寧）新（都）灌（縣）川西一府十餘縣，凡是認得四掌櫃的總是想方設法，提點禮物上門看望，他們鼓起勇氣祛除拜訪寡婦不太方便的心理，目的僅在想嘗嘗她做的豆腐，是不是大家吹噓過甚？於是油坊、糧行、碾槽老闆，總是攜家帶眷，前來攀親敘舊，來者是客，怎好一個一個往外推。這樣的人來客往，終歸不是辦法，四掌櫃的老東家認為巧巧姑嫂既都表明守貞不嫁，又不願返回娘婆二家，再三勸巧巧繼子成祧，以娛晚景，並借予資本，展她烹調專長，意思是好意，巧巧就決定開店當爐。

那時正是光緒三十年，在專制時代，婦女拋頭露面，誰能避免旁人指摘，溫陳兩家兄弟，以巧巧甘充文君，認係奇恥大辱，陸續登門，一力勸阻。不管他們費盡了多少口舌，不管他們施展了多少功夫，但巧巧意志堅定，豆腐仍然天天照燒。後來她感到口舌費勁，乾脆向兩家說明，不論娘家婆家，祇要拿出五千銀子生息，她就關店歇業。提到要錢，弟兄妯娌就祇好閉口裹腳。

這時巧巧姑嫂才打起了精神，一心一意招呼生意，嫂嫂剁肉燒菜，小姑擦桌洗碗，她倆行得正，坐得端，長期事實表現，人們內心才慢慢由輕視而加以敬重了。宣統二年，她三哥把次子帶回成都，正式過繼給巧巧為子，取名繼先。可惜繼先年已十二，驟離兄弟姊妹，頓感寂寞孤單，巧巧忙於生意，因之他小小心靈中總覺得欠缺一些親生母親的噓寒問暖。雖然巧巧為他費了不少心血，花了多少金錢，結果當他十六歲那年，就偷偷跑上部隊，據說後來他在綏定劉有厚部隊裡當了一名副官。

巧巧是一位正常健康的婦女，她需要男人的愛撫，也更有本能上的渴求，可是為了紀念她死去的丈夫，為了證實她不是妯娌們想像中的蕩婦，她咬緊牙關拚命工作，她要用體能的疲勞，來驅走精神的負荷，一雙小小的金蓮，每天總有十四小時無法休息，忙到天黑，正好倒頭便睡，這樣年復一年，店面擴大了，但姑嫂青春也銷蝕了。為了避免閒言，店中一無應門五尺之童，豆腐羊肉，要客人自行購買，客人所付火費飯錢，姑嫂多寡不爭。

她倆由於操勞過度，二十三年淑華首先病倒，萬不得已找了一位遠房族孫陳廣慶前來幫忙，一年之間，姑嫂先後去世，店務就由廣慶一人撐持，改弦更張，羊肉豆腐，店中都採辦齊備，而且更添上了炒菜燒酒。從巧巧開店起，根本沒有想到過要豎招牌、立字號，好在那時不須申請工商登記，也不要營業執照，不然叫做什麼巧巧飯店或者巧華餐廳，那就顯得庸俗而帶市儈氣了。她生前有的人叫她巧姑娘、四少奶，又有些人叫她陳四嫂、掌櫃娘，麻婆是她死後掙出來的招牌，麻，是別人對她俊俏嬌媚的懷念；婆，是別人對她年高德望的尊稱，而麻婆豆腐竟成為四川出色的名菜，誰又能曉得這碗豆腐，燒盡了兩個女人的青春，燒枯了兩個女人的眼淚，她們白天受盡多少辛酸，她們晚間受盡了多少煎熬呢？可惜民國不立貞節牌坊，否則打回大陸，正好前去唏噓憑弔！現在讓我來寫出麻婆豆腐的做法，大家不妨試燒一碗，作為貞姑節婦的悼念。

材料：花生油三分之一小飯碗（忌用豬油），黃牛肉或羊肉五元（豬肉不顯鮮），豆母（臺灣沒有，可用湖南豆豉蒸軟剁碎）半小湯匙，薑汁一小匙，純淨嫩辣椒粉少許（老的或假的，做出來不顯鮮紅），豆腐三元，花椒粉少許，蔥蒜白梗切成半寸細絲，細鹽及醬油適量。

做法：炒鍋洗淨，用薑片擦拭，注入生油，將沸時，將已注入薑汁及少許水之肉末倒入（忌放豆粉），肉末分開立即注入清水一小飯碗，然後放進鹽、醬油、豆母（鹹度不夠時，切勿先放豆腐，否則下鍋就老），此時再放花椒辣椒粉（切忌使用辣椒醬豆瓣醬，否則其味不正）。一分鐘後，將漂淨豆腐置於左掌，右手執刀，將豆腐切成兩公分方塊打下，用小火燜煮二十分鐘，放下蔥蒜細絲，視水已乾，端在桌上，就是一碗麻、辣、鹹、燙、嫩的麻婆豆腐。正是：碗碗皆含節婦淚，辣椒恰似紅淚粧。

原載五十七年中央日報副刊

掌故及其他

林海音輯

西太后的珍珠豆腐

西太后養顏有術，每天都要吞珠食玉的。據說御廚房有蒸鍋四十九口，每口鍋裡放著鑲著珍珠的豆腐，四十九天可以蒸爛。四十九口鍋輪番蒸煮，西太后就每天可以吃到一味「珍珠豆腐」了。

嫖客的外號

枝巢子著「舊京瑣記」第十卷「坊曲」裡，有這樣一小段記載：

……妓見生客，先視其鞋底，辨其外來與否。呼南方人曰：「糟豆腐」。或：「豆腐皮」。

北平的豆腐俗話

鄉下佬兒不認得豆腐——白肺（費）。

譏笑愚蠢之人，對這種人怎麼解釋，也是白費功夫的意思。

老虎吃豆腐——口素（訴）。

和上則一樣，是諧音的歇後語，用嘴訴說的意思。

快刀打豆腐——四面兒見光。

賣豆腐的破了布袋——倒（道）不得了。

豆腐是不能倒的，倒了就破碎了。這則也是諧音字，「道不得」，不可說也。

麻豆腐炒凍豆腐——嚴了眼兒了。

廝豆腐是豆腐渣，凍豆腐有蜂窩眼。

一物降一物，鹽滷點豆腐。

豆漿做成豆腐，非用鹽滷點不可。言人不可驕傲，須防有人強於自己。

武大郎賣豆腐——人鬆貨軟。

武進豆腐俗諺

伍稼青

若要富，冬至隔夜吃塊熱豆腐。

武進禮俗，每逢冬至前夕，比戶宴飲，必有油豆腐一器，謂食之可以致富，所以提倡儉德也。

熱豆腐，燙煞養媳婦。

童養媳正竊食熱豆腐時，適婆婆來，急遽下嚥，幾乎燙煞，此形容養媳平日受虐於惡姑之一端也。

武進童謠中，也有一首用磨豆腐來形容童養媳生活。「養媳婦，磨豆腐，一磨磨只一屁股。」

老太婆話多，豆腐百頁亂拖。

百頁一稱「千張」，亂拖即亂吃也。

豆腐吃格熱吃格鹹。

「豆腐要吃燙的、味道要濃才好吃。

關雲長賣豆腐——人硬貨勿硬。

快刀切豆腐——兩面光宣。

老豆腐切邊——做嫩。（言人佯作「不好意思狀」謂之「做嫩」）

「豆腐小夥子」

武進人嘲年少而體力較差吃不了辛苦者。

「豆腐西施」

諷貧家女之貌美者。

「回湯豆腐乾」

係指去位而又復來，即重為馮婦者流而言。因豆腐乾易發黏起霉，如隔日出售，必須再煮一沸，故曰「回湯豆腐乾」。

「吃豆腐」

昔年鄉間如死一老年人，遠近村落聞之，每家皆來弔喪，往往閤第光臨，是日家中即不再舉火。喪家自須置備菜飯款待，率以豆腐、百頁、豆腐乾等作主菜，故舉行一次喪事，有須自磨大豆至半石一石者。鄉下人赴喪家吃飯，謂之「吃豆腐」，此俗普遍流行於四鄉，至抗戰時期亦然。與時下開女人玩笑謂「吃豆腐」者不同。

劉小姐

梁寒操

和闐人咸稱豆腐曰劉小姐，蓋維族人向不識食此物，數年前始有一湘人女名劉小姐者製以上市也。客談劉亦一奇女子。幼隨父母宦遊和闐，不幸雙親謝世，家貧，有弱妹待撫養，未婚夫又短命死。乃矢志不嫁，曾日賣手製豆腐維持家計，後挈妹乘驢運父母骸骨歸葬於迪化。今年垂四十，服務新疆財政廳中，供妹讀書女校云，是亦可謂能與命運搏鬥之女中英雄也。為詩以彰之：

豆腐竟呼劉小姐，和闐人記女英雄，宦遊異域爹娘死，流落孤雛姊妹窮。
薄技易錢營葬養，懿名紀物示尊崇，守貞垂老尤奇行，誰說今人失古風。

錄自三十二年二月十日梁寒操先生著「西行亂唱」，新疆日報社發行

乾隆皇帝吃豆腐

吳相湘

豆腐在我國一向認定是平民食品，那麼皇帝吃不吃豆腐呢？吳相湘先生的「古稀天子與香妃」一文中，有兩段談到乾隆皇帝的日常膳食都有豆腐，摘錄如下：

四執事庫檔冊中有御膳房太監每日記錄的「節次進膳底檔」、「照常進膳底檔」等。我由這些檔冊知悉乾隆帝日常生活情形：每日寅正三刻起床（檔冊記作「請駕」），御膳房即伺候冰糖炖燕窩一品。有時不用早點，即於卯時用早膳。就乾隆十九年五月十日早膳記錄：卯正三刻進早膳，菜色是肥雞鍋燒鴨子雲片豆腐一品、燕窩火燻鴨絲一品、清湯西爾占一品、攢絲鍋燒雞一品、肥雞火燻炖白菜一品、三鮮丸子一品、鹿觔炖肉一品、清蒸鴨子糊豬肉喀爾沁鹹攢肉一品。上傳炒雞一品，竹節饈小饅頭一品、孫泥額芬白糕一品。琺瑯葵花盒小菜一品、蜂糕一品、老醃菜一品、醬王瓜一品、蘇油茄子一品。隨送粳米膳，進一品；野雞湯，進一品——由此可見葷菜八樣，小菜醃菜點心等，和民間富室相似。膳檔中常有「豆豉炒豆腐」更是家常便飯菜。

又：

每逢祭天地宗廟，皇帝雖齋戒，飲食仍照常用葷，惟不飲酒，不食蔥蒜。至於祖先冥誕、忌辰則素食。膳檔記錄有云：「八月二十三日，世宗憲皇帝（雍正帝，乾隆帝生父）忌辰，此一日遵例伺候上進素，內廷主位進素。卯初一刻，外請祭福陵畢。卯二刻早膳：山藥豆腐羹熱鍋一品、竹節饊小饅頭一品、蘋果軟膾餉一品、口磨蘿卜白菜一品、羅漢麵餉一品、油煠糕、奶子糕。後送菜花頭炒豆腐一品、福隆安進雜燴熱鍋一品、鹽水豆腐一品、素包子一品。隨送攢絲下麵，進一品，粳米乾膳進些」。

異嗜豆腐者

洪炎秋

頃讀田中香涯著「醫事雜考妖、異、變」，二一五頁「異嗜」項下說：

大正二年（民國二年）七月的時事新報曾載，有個男人，一點米飯都不入口，天天只吃豆腐五丁，卻精神飽滿，工作如常人。

特抄供參考。

朱介凡

新婦入廚燒豆腐

福建長樂縣志卷十六：

三日新婦入廚，作食供客。俗謂之試鼎，肴之豐儉不計。惟豆腐一碗，必不可缺。

今晨讀書南港，得此，特為錄奉，大見義理，便中請考究考究。

豆腐節

我國豆腐業，以豆腐係發明自西漢淮南王劉安，故尊之為劉祖師。以每年農曆九月十五日為淮南王誕辰，例有醵資慶祝之舉。民國二十四年上海豆腐業已有同業公會之組織，特由該公會發起，於是日雇用鼓樂，開筵慶祝，以示崇仰。

豆腐的身價

夏祖麗

豆腐的營養

在一般人的觀念中，總覺得牛奶和雞蛋是最有營養的食物了，一天一個雞蛋可以長保健康長壽，西方人甚至以牛奶代水喝。豆腐中所含的主要成分是蛋白質、良質氨基酸、脂肪、膽脂素以及維他命B_1、B_2等，它的營養價值高不高？和牛奶雞蛋比起來如何？我們現在把豆腐的營養成分列出來，再舉出豆漿、雞蛋、牛奶和乳酪的營養成分，來做個比較：

	水分（%）	蛋白質（公分）	脂肪（公分）	鈣質（公絲）	鐵質（公絲）
豆腐	八五・一	七・〇	四・一	一〇〇	一・五
乳酪	四五・二五	一九・七五	三〇・三一		
豆漿	九二・五	三・四	一・五	二一	〇・七
牛奶	八七・七	三・五	三・九	一一八	〇・一
雞蛋	六五・九	一一・四	一〇・二	四八	二・四

豆腐是所有植物性食物中含蛋白質最多的，一斤黃豆裡大概有六兩的蛋白質，三兩的油，而一塊三百公克的豆腐中有二十公克的蛋白質，十五公克的脂肪，可以說比肉類都還要高。而且它含有的是良質蛋白質，很容易吸收。難怪有許多人說豆腐是「植物肉」，是「大豆乳酪」了。

素食家只能吃青菜，它雖有充分的維他命，但卻缺少蛋白質、脂肪和熱量，而豆腐中正好含有豐富的蛋白質和脂肪等，所以豆腐成了吃素的人不可缺少的一項主食。吃長素的人，能長壽健康，豆腐有不可磨滅的功勞。

人到了中年以後，常會有發胖、血管硬化、慢性心臟病、肝硬化、糖尿病和風濕關節炎等毛病，主要原因就是體內脂肪太多，所以許多中年以上的人，都不敢吃肉類或其他脂肪多的食物。年紀大的人牙齒脫落，腸胃和消化機能也都減低，唯一能有營養而易消化的食物，只有豆腐。

豆腐中所含脂肪是植物性的，和肉類所含的動物性脂肪不同，因此吃了不會產生血管硬化、心臟病等毛病，又因為它不含碳水物，所以也適合糖尿病及減肥的人吃。

豆腐不僅適合中老年人及吃素的人吃，就是對於年輕人、嬰兒和孕婦也很適合的。在上述豆腐的營養成分中，我們可以看出豆腐中含有豐富的鈣質，而牙齒和骨骼全靠鈣質為主要材料，所以特別適合孕婦和發育的嬰幼兒吃。它唯一的缺點就是糖質、礦物質及維他命B含量較少。如果注意到這一點，祇要輔以鐵、磷、糖就可以了。

豆腐不但好吃，營養高，價錢也便宜，可以說人人都吃得起。請客時來上一盤精致可口的涼拌豆腐或炒豆腐，沒有人會嫌你寒酸。沒錢時買上幾塊錢豆腐，煎、炒、蒸、拌，絕不會覺得膩口或沒營養。豆腐是窮人的恩物，也是那些吃了太多大魚大肉的富人的最佳食品。

老法做豆腐

十多年前臺灣的豆腐店都是用手工來做豆腐，他們用手推石磨磨黃豆，把磨出來的豆汁放在大鍋裡燒成豆漿，再用手工除去豆渣。現在除了一些鄉下利用農耕之餘做豆腐的小店以外，大部分的豆腐店已經改用機器來做豆腐了。但是因為缺乏專人研究，所以不論在製法上或經營上都還是傳統的方法，都不能工業化、企業化，和許多進步迅速的小型工業比較起來，近年來豆腐工業的改進實在很小，跟日本的豆腐工業是更難比了。

豆腐的做法是這樣的：先把黃豆浸泡在水裡，天熱時要泡四個小時，天冷時加倍，春秋季在兩者之間。泡夠時間後放入砂磨中去磨，磨好後過濾除去豆渣（豆渣可賣給牧場餵豬或餵牛），剩下來的就是豆漿。

豆漿再加熱至沸騰，就該加凝固劑了，一般都是用鹽滷或石膏做凝固劑，但近年來多只用石膏。石膏中主要成分是硫酸鈣，鹽滷中主要成分是氯化鎂、硫酸鎂和硫酸鈉。加凝固劑時要慢慢的加入，同時還要攪拌。加多少和怎麼攪拌，可以說是做豆腐過程中最重要的部分，多由經驗豐富的師傅來做，過去曾有師傅把這套手藝當做「傳家祕寶」，不輕易傳授別人。直到今天，豆腐店還沒有一個很準確的成文規定，多少豆漿該放多少石膏，大都憑師傅心裡那個祕方。

加入凝固劑後，再入壓榨箱壓去水分就是豆腐。

普通一公斤大豆，可以做出三、四公斤的豆腐，剩下來的材料還可以做豆腐乾、豆絲、豆皮、油豆腐等。

豆腐店做豆腐都是從晚上九、十點鐘開始，全部完工（包括做豆腐乾等）清洗乾淨要到第二天早上十點多鐘。但豆腐是在天亮以前就做好了，在清晨批發出去，所以我們在清晨買的豆腐有時還溫溫的。豆腐做好後是放在木板上，一板一板的送出去，各個店板的大小不同，有六十四小塊豆腐一板的，它的批發價是新臺幣十二元，小販賣出是十六元，每賣一板可以賺四塊錢。

豆腐店是在每月陰曆的初三和十七公休，和屠宰業同一天。這是因為一般人吃豆腐多半喜歡和葷的配合，沒有肉時，豆腐的銷路也受影響。所以沒肉吃的日子，也沒豆腐吃。

大半的豆腐製作店都是家庭手工業的，店就設在家前面或附近。地方小，夏天時十幾個工人擠在裡頭，就像蒸籠一樣。

我曾訪問一位豆腐製作店的老闆，二十年前，他是豆腐店的送貨員，如今自己擁有一家規模不算小的豆腐工廠。他很坦誠的表示，現在一般做豆腐的工廠，衛生設備都太差，而做豆腐的人教育水準都很低，不知道去改善，做法和經營的方法也是老法子，他們也不知道該從何改起，就一直這樣下去，賠了本也只有自認倒楣。

像他的店裡僱了七、八個工人，都在他家吃住，平均每一個工人每個月的開銷要新臺幣兩千元。但工人和師傅並不好找，因為這種工作比較辛苦，生活又晝夜顛倒，年輕人都貪玩不喜歡做這種工作，他們覺得做豆腐是落伍又沒有前途的事，不願意去學，情願到工廠去做工，說起來也好聽些。老闆對目前豆腐製作業不進步的情形很感慨，內心也有幾分惋惜，但他說他已經做了二十年，他的生活和豆腐已經脫離不了，他不打算再改行，將以做豆腐為終生事業。

他希望政府能對豆腐這種食品業重視，不妨在工業職業學校中設立有關豆腐製造的課程，使大家增加對做豆腐的興趣和了解，並提高製造豆腐的水準。同時幫助他們改善及扶植一般小工廠聯合起來，用工業化來生產，企業化來經營，減少開支，大量生產，使豆腐業能像其他一般小型工業一樣有進步、有前途。他感慨地說：「甚至從來沒有一個機構把我們做的豆腐，像其他食品一樣拿去檢驗一下，合不合衛生或營養。」

我們知道做豆腐的原料就是黃豆，臺灣因天熱地小，所以每年黃豆產量只有五萬公噸，大部分是自美國進口。每年進口六十萬公噸黃豆，其中百分之八十是用在煉油上，大概每年有六萬公噸是用來做豆腐的。臺北有一美國黃豆協會，專門管理黃豆事物，它每年也有經費部分輔助臺灣的豆腐製造商到日本去見習。現在全省有幾千家豆腐工廠，其中有一千多家是參加豆腐工會的。

機器豆腐

近兩年市面上出現了一種機器豆腐。它所以叫機器豆腐，是它的製造方法比老式豆腐要機械化。機器豆腐是圓筒狀，外面用機器包裝了兩層塑膠袋。

機器豆腐因為有包裝，並且經過高溫消毒，所以比老式豆腐保存的時間要久些，如果不放冰箱可保存二、三天，但氣溫超過攝氏二十八度的天氣，最好還是放入冰箱裡，可保存五到六天。

機器豆腐的做法和老式豆腐差不多，先選豆，把壞豆除去，然後泡豆，泡完後用清水洗淨，放入磨中磨，磨好後煮漿去渣，去渣要去好幾次，使漿質純白無瑕，這樣做出來豆腐才更細嫩。加了石膏以後，等豆漿凝固到一定溫度時，就用機器裝入塑膠袋中，並封口，然後放入攝氏八十度到九十度的高溫中消毒，取出洗淨，再包一層塑膠袋，放入冷藏庫中冷藏。

目前臺灣做機器豆腐的工廠很少，在臺北只剩下設在中和鄉的一家。機器豆腐銷路並不十分好，主要原因是許多人不習慣吃，還有它太嫩，只能涼拌和做羹湯，不能配合中國的數百種豆腐食譜，以供主婦們發揮她們的烹調技巧。

中和鄉這家工廠的機器豆腐，以前曾遠銷到臺南、高雄，後來因豆腐不易久存，再加上路途遠不方便，所以目前只銷臺北及市郊一帶。機器豆腐每條批發價是臺幣一元五角，零售是兩元五角。

經銷機器豆腐的零售商還有一點不同於一般的，就是可以退貨。零售商的機器豆腐如果賣不完壞掉了，可以退回給豆腐工廠，一方面是為了方便零售商，一方面也是怕壞豆腐賣出去，有損信譽。因此機器豆腐雖然可以保存數日，工廠每天生產的豆腐也都還有一定數目，以減少退貨的數目。

還有許多家庭主婦都習慣於每天買菜，所以她們也喜歡買當天做出的新鮮的老式豆腐，而無須買機器豆腐吃。將來如果家家有了電冰箱，主婦必定不會每天上市場買菜，那可保存久些的機器豆腐，銷路必定會好些。

有一位主婦告訴我，她用機器豆腐來做「豆花」，非常好吃。平常買豆花要到豆腐製作店去買，自從有了機器豆腐以後，她發現可用之代替，方便多了。

機器豆腐因為保存的時間比較久，所以做豆腐也沒有太大的時間性，冬天可以在白天做，夏天因天氣熱多半在夜晚做。

豆腐的家族

中國人在豆腐上變的花樣兒可真不少，豆腐乾、豆腐皮、豆腐乳、臭豆腐、凍豆腐……我們管它們叫「豆腐的家族」，學名是「豆腐加工品」。有趣的是這些種豆腐，各有各的味道，絕不相同，就好像雖是一家人，而每個人有他不同於別人的個性一樣。下面舉幾種豆腐加工品，大略寫下它們製作過程。

豆腐皮：

豆腐皮又稱千張，它的製法和豆腐很類似，原料也相同。豆腐皮的做法是把還未做成豆腐的豆花，除去比豆腐更多的水分，使成堅實片狀，然後蒸煮而成。所以除了水分較少外，它的營養價值和豆腐差不多。

豆腐乾：

豆腐乾有兩種，一種是將豆腐塊的水分榨出，放入濃茶或焦糖液中煮，使豆腐變成褐色後取出。或是把豆腐放在燃燒的木屑上，燻成黑褐色。

另外一種就是俗稱的五香豆腐乾。它的做法是把豆腐、茴香、桂皮、丁香、花椒等放入水中煮，經過二、三十分鐘後再放入醬油及糖醃漬數天，再取出用文火烘乾而成。

豆腐干絲：

豆腐干絲分粗細兩種，但製法相同，普通做粗的較多。干絲是把豆腐片放入切麵機中切成長條絲，再把它掠乾至變黃，然後堆入木桶內使其醱酵，再放入油中炸即成。

豆腐乳：

豆腐乳是用豆腐醱酵做成的，分為紅、白、黃三種。紅色的又稱醬腐乳，吃時略帶有醬的香味。白腐乳又稱糟腐乳，帶有酒味。黃腐乳是臺灣最普遍的，所以又叫臺灣腐乳。除了這三種以外，另外還有雲南腐乳、四川腐乳、桂花腐乳和玫瑰腐乳等。

豆腐乳的做法大致是這樣的：把做好的豆腐壓出水分，切成小方塊，使之發霉。發霉的方法是，把豆腐排列在竹框裡，蓋上稻草放在屋子裡，關閉門窗，悶個七、八天，豆腐上培養出毛黴菌，取出乾燥，磨成粉狀，供做種用。這種粉狀黴種散布於豆腐上，維持攝氏三十度，二、三日後即成腐乳坯，然後放入醃缸中醃，先鋪一層鹽於缸底，上放一層腐乳坯，再鋪一層鹽、一層腐乳坯，直到滿缸了。醃三、四天後把形狀完整沒有破碎的取出，再和調味物，包括：鹽、醬、紅麴、砂糖、水混合，仍像鹽醃腐乳坯一樣的一層層放入另一洗淨乾燥的廣口瓶裡，直到瓶滿，然後加進鹽水再加蓋閉封，大概經一至六個月後就可以了。

白腐乳是在鹽醃的時候，每層鋪以酒釀。黃腐乳，則是鹽醃時每層鋪以米麴和豆麴。

臭豆腐：

臭豆腐是用布包豆腐乾製成的，先放入醱酵厚液中使它醱酵，所謂醱酵厚液是一種帶臭氣的鹽水，是把鹹菜濾液或爛鹹菜滷與蝦子頭及鹹鴨蛋的浸漬液混合而成的。大概經過三小時的醱酵而成。

凍豆腐：

凍豆腐的做法可以說最簡單，只要把生豆腐冰凍即成，和臭豆腐一樣都是呈海綿狀。

中國文學中的豆腐

郭偉諾

中國人看了「豆腐」這兩個字以後，首先想到的大概是幾個在白話裡用豆腐的說法，比如說「他很喜歡吃豆腐」，「別吃我的豆腐」。其實這裡「吃豆腐」意思的來源可能不會早於清末時代，因為在古典文學上「吃豆腐」根本就沒有別的意思。至於有關豆腐的俗語、歇後語的來源更不容易查；有的是從明朝的小說來的，比方說相當有名的「關老爺賣豆腐——人強貨弱」，「豆腐掉在灰裡頭——吹不得，拍不得」。

最早記載豆腐的是宋初陶穀的「清異錄」。宋朝以前記載的「乳腐」不是豆腐，而是一種酪。無論如何，中國古籍作者都認為：前漢朝的淮南王劉安發明了豆腐的做法。中國、日本、韓國的豆腐業者，也以淮南王為祖師。但問題就是：為什麼直到宋朝，才有豆腐的記載？

日本專門研究豆腐的篠田統博士所說關於豆腐發明的理論比較有道理。他認為中國從南北朝到唐代，北方游牧民族大量進入了中原；胡人慣食牛羊乳加工品。這些乳品的名字像「黎祁」、「來其」應當是胡語的對音，就成了豆腐的別名，另外，「腐」字也應該是胡語的對音，因為豆腐的「腐」字，跟古時字書的意義「爛也，朽也，敗也」根本沒有關係。那麼可以說豆腐可能在唐朝的時候才傳到了中國，當唐末、五代的時候，才普遍成了老百姓的食物。一般的人想必很歡迎這種新的食品，因為它又便宜、又營養。到了宋初，好像連鐘鳴鼎食之家也享用豆腐，這樣，在社會上居於高階層地位的著作者，才在書裡寫到了豆腐的事情。可以說，豆腐從宋朝就在中國流行了。

宋人陶穀在「清異錄」裡面，把豆腐稱為「小宰羊」：「時戢為青陽丞，潔己勤民，肉味不給，日市豆腐數箇，邑人呼豆腐為小宰羊。」日人篠田統博士認為「小宰羊」的意思就是「副知事」（按：指「小宰」樣的羊）。其實「小宰羊」可能也相當於「小規模的宰（殺）羊」，這跟「小登科」這個詞的構詞法是相同的。

在蘇軾的「物類相感志」裡有「豆油煎豆腐有味」那麼一句話，南宋林洪所撰的「山家清供」描寫「東坡豆腐」的做法是：「豆腐蔥油炒，用酒研小榧子一二十枚，和醬料同煮。又方純以酒煮，俱有益也。」這應是「東坡豆腐」的來源。又有陳達叟的「本心齋蔬食譜」，吳自牧的「夢梁錄」也都收了豆腐當膳食材料的記載。

關於詩這一方面，朱熹在「次劉秀野蔬食十三詩韻」上寫了一首「豆腐」：「種豆豆苗稀，力竭心已腐。早知淮王術，安坐獲泉布。」其實，清人梁章鉅告訴我們（「歸田瑣記」），朱熹自己不吃豆腐，他說：「朱子不食豆腐，以謂初造豆腐時，用豆若干、水若干、雜若干，合秤之，共重若干；及造成，往往溢於原秤之數，格其理而不得。故不食。」王安石也有「瓦鼎煮黎祁」之句。陸游有「洗釜煮黎祁」。

在金朝李杲的「食物本草」上，也提到豆腐。他首先寫：「說者以為始于淮南王」。下面記載：豆腐。性冷而動氣。一云有毒。發腎氣頭風瘡疥。杏仁可解。又蘿蔔同食。亦解其毒。」

元代賈銘的「飲食須知」有豆腐的記載。據清人褚人獲在筆記裡說：「元江陰孫司業大雅嫌豆腐不雅。改名菽乳。賦詩云……」按「佩文韻府」也應該有一首虞集寫的豆腐讚詩，不過我自己沒有找到。在「關漢卿戲劇集」的「關大王獨赴單刀會」裡下書的黃文說了一句話：「來便吃筵席；不來豆腐酒吃三鍾。」此外戲曲臉譜內也有「豆腐臉」，是屬於奸臣臉之一；這種臉所抹的白粉，像一塊豆腐，所以梨園行又稱為「豆腐臉」，世俗則通稱「小花臉」。

明代初時有趣味的事情，是根據清人張定「在田錄」上的一句「上皇以賣腐為生」，據說明太祖朱元璋的父親就是賣豆腐的。「本草綱目」也有關於豆腐的「集解」、「氣味」、「主治」、「附方」。宋應星的「天工開物」的「菽」字項下有「為腐」字樣，這表示豆腐在明朝已有醫術用處，而且跟農產品製造方面有關係。中國名菜臭豆腐的來歷也可追溯到明朝。李日華在「蓬櫳夜語」寫「黟縣人喜於夏秋間醢腐令變色生毛，隨拭去之俟稍乾。投沸油中灼……云有海中鰳魚之味……」。我在浮白主人（馮夢龍？）的「笑林」裡看到了一則豆腐笑話：一人留客飯，豆腐一味，自言：「豆腐是我的性命，覺他味不及也。」異日至客家，客記其食性所好，乃以魚肉中各和豆腐。其人擇魚肉大啖，客問曰：「兄嘗云：豆腐是我的性命。今日如何不吃？」笑曰：「見了魚肉，性命都不要了。」

明代的豆腐詩相當多，有蘇平、孫作、曾異等等的作品。明朝小說也有幾條豆腐的資料，如「金瓶梅」等等，連「西遊記」也有「大海裡翻了豆腐船，湯裡來，水裡去」的話。「金瓶梅」第四回上有「……這婦人自從與張大戶勾搭，這老兒是軟如鼻涕膿如醬的一件東西」那麼一句。有趣味的是，德文譯者（Otto und Artur Kibat）把「如醬」翻譯了「如豆腐」，不知道他們為什麼如此翻譯。是否他們所見的版本不同，也有可能。*Arthur Hummel's Eminent Chinese of the Ch'ing Period* 在「彭定求」項下說：「明人高攀龍造了一個豆腐會。」關於這一方面，我還沒找到什麼資料。

清朝的「佩文韻府」也收了「豆腐」。除了一個「豆腐閘」這個地名之外，還提到「蔬食譜」、「李延飛延壽書」、「本草集解」，下面加蘇軾「蜜酒歌」中的「煮豆作乳脂為酥」之句，可是篠田統博士認為，這豆乳是與鵝鴨酥蜜酒並陳的，而不算豆腐。「古今圖書集成」豆部下的「豆腐」，跟「本草綱目」的記載差不多。

清朝關於煮豆腐方法的資料很豐富。李化楠的「醒園錄」、王士雄的「隨息居飲食譜」、顧仲的「養小錄」、徐珂的「清稗類鈔」等等，都有不少說到豆腐的地方。李笠翁雖然有反對葷食的思想，但是在他的「閒情偶寄」上並沒有寫到豆腐。可是清朝美食家袁枚的「隨園詩話」和「隨園食單」裡面有很多有趣的事情。有一次袁枚吃的豆腐，不是豆腐而是雞腦。另外一次，袁枚嘗過一位蔣先生煮的豆腐之後，問了蔣先生做法如何。蔣先生要他先向自己三鞠躬才肯教他，袁枚立刻行禮如儀。

「紅樓夢」、「儒林外史」、「浮生六記」、「鏡花緣」、「揚州畫舫錄」，這些小說裡頭，都說到豆腐的事情。「儒林外史」的第十九回上有「家裡有的是豆腐乾刻的假印」的話，使我們知道豆腐乾也可以當做假圖章的材料。

關於詩這一方面，除了張劭的豆腐詩之外，還有尤自芳詠菽乳八絕，見於褚人獲的「堅瓠補集」：「一腐，二漿，三衣，四花，五乾，六浮，七滯，八查。」不過褚人獲先生只收了第二到第八首詩，可惜沒有提到第一首「腐」詩。「堅瓠首集」裡面我還看到了一個「醬油豆腐乾」的趣事，描寫有一位做豆腐乾老闆的女兒，「……色黑而媚，風韻動人，人以醬油豆腐乾目之。」又有清人尤侗「豆腐戒」：「大戒三，小戒五。總名為豆腐戒。言非吃豆腐人。不能持此戒也。」下面有味戒、聲戒、色戒、賭戒、足戒、口戒、筆戒等一共八戒。

清朝又有康熙、乾隆與豆腐的故事，宋犖在「西陂類稿」寫清帝康熙有旨：「朕有自用豆腐一品，與尋常不同。可令御廚太監傳授與巡撫廚子，為後半世受用。」關於乾隆皇帝的傳說是：乾隆遊江南的時候，有一次發生了糧食供應上的問題，臨時饑餓，在鄉村叫一個農人給皇帝煮菜。這個農人只有菠菜與豆腐那麼一道菜，但是皇帝的肚子很餓，所以覺得很好吃。以後皇帝問了這道菜叫什麼名字，農人不敢說是菠菜與豆腐，而說了「金鑲白玉板，紅嘴綠鸚哥」。

日本雖然第十二世紀已經有豆腐的記載，不過當中國清朝的時候寫了最主要關於豆腐的資料；西元一七八二年大阪的醒狂道人寫了一本「豆腐百珍」，內容除了一百種煮豆腐的方法和圖畫之外，還有中國古典文學裡頭，一些重要的關於豆腐的作品；以後還寫了「豆腐百珍續編」和「豆腐百珍附錄」。

西方文學第一次提到豆腐的記載大概在西元一六六六年，兩位荷蘭人描寫他們一六五五年到一六五七年到中國旅行的經驗，書裡面提到有一位祕書在皇帝的招待下，天天吃些豆腐。

到了今天，有不少專門研究豆腐事情的書，跟「豆腐與文學」有關係的，譬如林海音所編的「中國豆腐」、日人篠田統的「豆腐考」、阿部弘柳和辻重光的「豆腐之本」等，可見對於這方面有興趣的人，大有人在。

七十三年八月二十日中央副刊

家鄉豆腐

家鄉的豆腐

林海音輯

小豆腐（華北）

華北一帶，秋末冬初，農家收穫大豆時，將選剩的小粒和碎粒積存，每天浸泡一盆，石磨磨碎，不去豆渣，入鍋煮成糊狀，然後加鹽、蔥花、鹹菜丁、肉丁、蝦米皮等作料稍煮後，點石膏少許，就成糊狀小豆腐。是這個季節裡農家的主食兼副食。

小豆腐炒醃菜（東北）

「高粱肥，大豆香，遍地黃金少災殃。」

吃高粱仁豆稀飯時，最理想的菜，是「小豆腐」炒醃菜纓。小豆腐就是未曾濾去豆渣，用粗豆汁點成的豆腐。把蘿蔔纓切碎了，用鹽醃一下，炒小豆腐，清爽脆嫩兼而有之。

「喝豆腐」（天津）

天津人稱豆漿為「豆腐漿」，並且習慣說「喝豆腐」，因為豆漿中真的有凝成塊的小豆腐。豆腐漿其濃無比，鍋裡經常結著一層「豆腐皮」。有人專買豆腐皮，用竹筷子挑著帶回家去捲果子吃。

「王致和」的臭豆腐（北平）

北平民間著名專賣某種出名食品的店鋪很多，像鐵門的醬菜、天源的醬肘子、月盛齋的醬羊肉，還有宣武門外大街王致和的臭豆腐也是出名的。臭豆腐買時裝在油簍子裡，它比在臺灣所吃到的臭豆腐乳硬些，所以不至於一碰就散。有人吃臭豆腐還澆上一層醃韭菜花，真是臭上加臭了。

「江豆腐」（北平）

清末的北平，內城是皇宮所在地，一般人是不能住在那裡的，所以那時的京官們都聚集住在宣武門外一帶，所謂「宣南」是也。宣南一帶當初很熱鬧，南半截胡同有個飯館名廣和居，尤其是士大夫們所喜歡宴會的地方。到崇效寺看牡丹，回來順路到廣和居吃「江豆腐」、「潘魚」、「吳魚片」、「曾魚」，都是廣和居因人而名的名菜。

「江豆腐」創自前清御史江春霖，是一道豆腐羹類。「潘魚」出自潘炳年，「曾魚」創自曾候，「吳魚片」始自吳閏生。

正定有三寶（冀西．正定）

正定人說：正定有三寶：「扒糕、粉漿、豆腐腦」。

豆腐腦分為兩種：

一、老豆腐腦：用普通鍋盛著，上面浮著一層豆腐皮，盛在碗裡，撒上些韭菜花、香油、辣子。素淨而原味足。

二、石羔豆腐腦：挑子的一頭，是坐在火上的高壓砂鍋，裡面熱著嫩豆腐腦。另一頭是「羊湯」或「骨嘟湯」——豬排骨湯。把嫩豆腐泡在湯中，撒上些口蘑末子，其味無窮。

「滿頭黃」（山東．日照）

日照東南所臨的，恰是淮河泥沙淤積而成的淺海，這種地帶水溫高，小生物多，魚蝦齊集，是漁產最多的地方，漁民稱之為「海田」。農曆二月底，海田第一次收成的「滿頭黃」——蝦子胸甲中充滿了卵黃。滿頭黃燉豆腐，是日照的時菜，鮮美異常。

「畏公豆腐」（湖南・長沙）

有一道「畏公豆腐」，傳說是組庵（譚延闓）先生所創。主要材料，不過是價值兩塊錢的豆腐，但其配料卻要三斤以上的肥母雞一隻、火腿兩斤、豬肉半斤、干貝四兩、關東口蘑及猴頭菌各五錢。把「配料」和水放進砂鍋裡用文火熬六小時成汁，去掉配料，只留下湯，加豆腐再煨兩小時，即成。不過這兩塊錢豆腐入湯煨煮之前，先要揉碎，蒸一小時，凝成塊後再切成長方塊，過水除去其石膏質。

「水豆腐」（湖南・衡陽）

據梁直輪（楝）先生說，衡陽城外板橋，有一家賣「水豆腐」（豆腐腦）的，裡面撒點蔥花、薑末、胡椒粉或辣椒粉，澆上一匙豆豉水，如此而已。但水豆腐的美名傳遍湖南，過往的人，都要嘗上幾碗。據說板橋水豆腐的盛名遠播，主要是得力於那一匙豆豉水。

「仁生條子」（江西・南昌）

江西是一個內陸省，距海很遠，所以席上總是以海味為珍貴。例如常見的四盤中有一道菜叫做「墨魚紅燜仁生條子」，墨魚是指烏賊，「仁生條子」則是指豆腐乾，不過燉得極透，裡面都起了孔，灌滿了滷汁。

炸烤長毛豆腐（安徽・休寧）

休寧人喜歡把豆腐放得發霉，長出兩寸來長的白毛，然後炸著或煮烤著吃，據說滋味極好。

遇上趕集或廟會時，把炸過的油豆腐用水煮，為了要調味，還特別用很小的布口袋包幾顆蝦米，煮在其中，使蝦的鮮味進入油豆腐之中。

「臘八豆腐」（安徽・歙縣）

徽州歙縣一帶，飲食相當考究，每年臘月間他們把一大塊嫩豆腐用布包成球形，上面弄凹，裡面放些青鹽，然後曬。曬不多久，豆腐中的水分就使得食鹽潮解，於是把鹽汁抹在豆腐外面，白天曬，晚上收，隔一會兒抹抹，手續相當繁雜。及至鹽分都化完了，還要放在屋簷底下繼續風乾。三、五個月後，把豆腐球的外皮削去，裡面就像是起酥的豆腐乾一樣，風味絕佳。由於它是在每年臘月裡家家做的，所以稱為「臘八豆腐」。

銀魚鑽豆腐（安徽）

洪澤湖中除了強盜之外，還產銀魚。據盱眙籍立法委員吳鑄人先生說，當地人把銀魚從湖裡捕起來，乘活的時候，放進鍋中，同時放一整塊大大的豆腐，然後加熱。銀魚在水溫增高時，不耐其熱，都爭著朝冷豆腐裡鑽，及至銀魚都自動鑽入了豆腐時，再連豆腐一同撈出來，放在蘑菇雞湯中燉。這一道菜大概全世界只有這裡才有吧。

「太平乾」（南京）

太平門外沿湖堤人家，多製豆乳為乾，亦名「太平乾」，風味至佳。城中人上塚者必購以歸，俗謂曰：「帶太平回家。」取吉兆也。守墳人歲暮以餽墳主。

香乾與臭乾（南京）

南京的豆腐乾種類甚多。南門外塞公橋的臭乾是用陳年老滷做的，特別臭，但臭得不刺鼻，人們反而覺得那股味道像是能刺激食欲的清香。天熱的時候，用鋸木屑子薰過，稱為「薰臭乾」，切成片，蘸香油吃，是南京的一大「異味」，這種臭乾有別於油炸的臭豆腐乾。

除了臭乾之外，還有「香乾」，香乾的花色更是繁多，大的、小的，方的、圓的，南京人吃豆腐乾，就和美國人嚼口香糖一樣，成天的在嚼。

干絲（江蘇．揚州）

揚州茶館裡的點心，當然以干絲獨步全國。干絲是以方淮乾用手工細切成絲，底面邊邊稱為「頭子」，統統切掉不要。切好之後，用礬水略浸，使其顏色更白淨，然後再泡在淨水缸裡。老揚州吃的干絲，多喜在滾水鍋中熱過了再澆上榨菜、醬油、香油等，這才能保全干絲的香味。只有外地人才喜歡吃燴煮的干絲，並且亂加一些雞絲、蝦仁、火腿等雜七夾八的作料。

菜泡臭乾（江蘇．無錫）

在菜點中，無錫同胞所愛好的口味，有兩大特色，一是甜，一是臭。

關於臭，無錫同胞做的臭豆腐乾特別好，並且嗜好者非常普遍，認為愈臭的也就愈香。做臭乾選用兩種材料，一是把莧菜的根切成三寸來長一段段的，用溫水浸泡十來天，水自然就「香」了。另外也有用筍子做原料來浸泡，據說筍子泡的「香湯」比較鮮。

泡臭乾子的莧菜根，更是珍貴非常，蒸飯的時候，放在飯鍋上蒸熟，整鍋飯都有了臭乾子氣味，蒸過的莧菜根，也成了一條裝滿臭汁的管子，用嘴一吸，其味無窮。無錫的幾座大廟裡，還以這種莧菜根作為素席的主菜呢！

「老太婆家」的「蛤蜊豆腐」（江蘇・武進）

武進城裡北大街「父子牌樓」下，有一家小酒店，門口掛著「孫記名酒」的招牌，可是大家都習慣稱之為「老太婆家」。老太婆年已七十，且一手已廢。客人登門後，孫老太婆招呼就座，然後由她兒子「阿狗兒」送菜送酒，酒吃得差不多時，上他家最拿手的「蛤蜊豆腐」。據伍稼青先生說，武進河裡的蛤蜊——河蚌，有長達一尺的。孫老太太的蛤蜊做得最講究，洗得乾淨不帶泥沙等穢物，同時用竹筅帚根把其中的硬肉都搗爛，用最好的肉骨頭湯煮。蛤蜊豆腐煮好後，盛入一小紫銅鍋內，連同紅泥小火爐端置桌上，任客自加生菠菜、線粉、胡椒粉等。邊煮邊吃，其味特佳。「老太婆家」的「蛤蜊豆腐」，也成為武進食譜中最著名的一道菜。

「武進食譜」中的豆腐菜

伍稼青先生和他已故夫人尤瑞華女士曾合撰「武進食譜」，算算其中屬於「豆腐」的，竟也佔了七分之一，除了前述的「蛤蜊豆腐」，我們再選錄幾種其他的武進家鄉豆腐：

莧菜燒豆腐：莧菜初上市時，長不逾寸，以之燒嫩豆腐，極鮮。赤莧作粉紅色，絕美豔，足以使人增加食欲。

菠菜炒腐皮：取嫩菠菜與豆腐皮同炒，甚可口。或以之燒豆腐，則俗所謂「紅嘴綠鸚哥，金鑲白玉板」者是也。

素肝腸：市區中豆腐店，每日下午，多將賸餘豆汁製成厚百頁，挽結，煮一沸取出，浸木桶中出售。名「素肝腸」，極嫩。切片，用上好醬麻油拌之，以佐晚餐，最適口。

響蛋拌豆腐：皮蛋之中有水分搖之咚咚作響者，名「響蛋」。其上者蛋黃作紅色，以之拌食豆腐，極美。拌豆腐時須加食鹽或醬油。

豬腸煨豆腐：豬腸用明礬食鹽滌淨後，切成一寸長之小段，煮至半爛時，放入老豆腐一同煮至豆腐有氣孔作海綿狀，方為合度。作料為生薑、蔥、酒、鹽、花椒，不用醬油。

臭豆腐：將豆腐盛入夏布袋，浸入自製之「臭水甕頭」中，越一晚取出，置碗中，澆以生豆油，並放花椒十數顆，糖少許，燉之使透，上桌後揀去花椒，撒以胡椒末，食之別有一種風味。「臭水」製法，係以臘月間醃菜汁加水放入筍根花椒，煎數沸，盛入瓦甕，而以灶間燒紅之鐵火鉗刺入，使之嗤嗤作聲，頃之取出，隔日一次，如是者三數次，水即起化學作用而有異味矣。臭豆腐乾臭麵筋，俱係浸於此種臭水中而成，所謂「化腐臭為神奇」者此之謂也。

峨眉山上的凍豆腐（四川）

峨眉山經年積雪不化，廟僧每天大量製造豆腐，整擔丟進雪堆裡，做凍豆腐，隨吃隨取，有的埋在深雪裡凍四、五年之久，才挖出食用。豆腐都凍成深褐色木柴狀，有條狀或網狀紋，每片都重幾斤以上。廟裡和尚以此款客，據說可治虛弱病症。抗戰期間，大後方人士遊峨眉常常買回去，當作特產餽贈親友。

兩種別致的豆腐菜

傅培梅

豆腐餃子

材料：

嫩豆腐十二塊（每塊兩寸見方），碎豬肉四兩（半肥瘦），蝦米末一湯匙，香菇末一湯匙，蔥屑半湯匙，鹽一茶匙，太白粉一茶匙，酒一茶匙，味精少許，豆苗十數根，清湯一大碗。

做法：

一、將碎豬肉和蝦米末、香菇末、蔥屑同放碗內，加鹽、酒、味精、太白粉拌勻。

二、將每塊豆腐先片除上面的一層硬皮後，再片成約一公分厚的豆腐片，小心的放在一塊濕白布上，將肉餡一茶匙放入豆腐中心位置，輕輕將布的一邊提起覆蓋上去，使原來方形的豆腐片成為兩色相疊的三角形，並用手指從布上壓緊三角形的兩直邊，使其密合黏住。

三、將壓好的三角形豆腐餃子擺在碟子上（碟子要先塗少許油以免黏住）。全部做好後，連碟子放入蒸鍋中用大火蒸八分鐘。

四、把蒸好的豆腐餃子小心的擺在大湯碗裡，洗淨的豆苗也放下，再將滾沸的清湯（加鹽調味）注入大碗中即可。如有雞油可淋下數滴，更增色香。

口袋豆腐

材料：

豆腐八方塊（每塊兩寸見方），剁碎豬肉四兩（瘦多肥少），冬菇五個，火腿二兩，青江菜六小棵，蛋白兩個，清湯三杯，鹽、醬油、太白粉、麻油各酌量。

做法：

一、豆腐用刀面壓碎成為泥狀，全部盛在大碗中，加入碎肉和鹽一茶匙、味精少許，順方向拌攪，再另外將兩個蛋白打泡加進，繼續調拌均勻。

二、用湯匙挖取豆腐泥約一湯匙多，放在左手手掌中，刮成約一寸長橢圓形丸子狀，隨即投入熱油鍋中炸成金黃色（全部可做三十個）。

三、炒鍋內放下清湯、冬菇片、火腿片和小青江菜（先燙熟切成兩半），再將炸過的豆腐丸子放下，加鹽一茶匙半及味精半茶匙，用小火煮約三分鐘（煮時要常搖轉炒鍋），淋下已用水調開的太白粉約半茶匙，再滴下麻油半茶匙，即可裝入大菜盤中上桌。

母親的抓豆腐

朱介凡

兒時偶病臥床，聽堂屋裡大人們吃飯，碗筷與談話之聲，心中總不免一番想慕。無有吃飯的味口，喝碗稀飯罷。拿什麼嚥呢？沒有例外的，那總是「抓豆腐」這一道菜。江漢地區，這個抓字，讀法有二：正音自然是讀作「老鷹抓小雞」以及「警察來抓賭」之「抓」；另一種方音，則讀如「哈」，若「抓豆腐」，「小孩子亂抓亂攪」。

在武漢，做豆腐生意的，有本地幫和湖南幫。本地幫做的豆腐比較老，一塊約十二方公分大，厚兩公分，呈米黃色。一般人家要吃抓豆腐，多半是買本地豆腐，兩塊就夠一菜碗了。素油煎，俟其微焦，就翻過面來，加蒜泥，或蒜花、蔥花、鹽、油坯（出過醬油的黃豆醬，並非豆豉），用鍋鏟壓抓一遍，使其稀爛如泥，作料都調和進味了。這是抓豆腐最基本的做法。若用豬油煎，或素油煎而加上肉絲、口蘑、蝦米、蝦子籽，自也無不可。就自己從小到大，口味的領略上考究，抓豆腐之好吃，之能保其本味，還是這種最通常的基本做法為高。攙了葷，就膩味了；加口蘑、香菇之類上品，那就不免「紫之奪朱」，失去了豆腐本身的純正。

在故鄉，吃過很多長上老人家所做的抓豆腐，若外婆家細太做的，姨母、洪家姑家家、王伯母、魏伯母、馬大嫂、祝奶奶、周家姑家家，以及本家大房的幾位奶奶和長子媳娘她們做的，獨以母親做的，味道終生難忘。

湖南幫的豆腐，特別嫩、雪白。做好以後，一板一板的裝起，每板約三十方公分。又分開成十方公分的大塊，把它漂在清水裡，所以叫水豆腐。凡做豆腐湯，都採用水豆腐，用那種平面的銅鏟，切成約一公分半的立方體，小丁丁兒，而不像北方酸辣湯那樣的細條條。湖南幫也做老豆腐賣，但仍然還是水嫩水嫩的。

豆腐的其他烹調方法，各色各樣，無用細說。宮廷宴會，既可做成上菜；小飯攤上，販夫走卒，吃一小碟醬油蘸豆腐，它也並不降低身價。做腐乳所用的豆腐，材料得特製一大塊，八十立公分，然後切小，加花椒、鹽、料酒等作料，入罈封醃。這些年來，在南北各地方，都有臭腐乳吃，但不如老家做得鮮美，顏色潤澤，醃得恰到時候。糟腐乳，任何地方做的，皆為可口，也總感到只有武昌大朝街協和北味公司所做的，頂好。北味公司自做各色醬菜發賣，門面高大，出品足可與保定槐茂醬園媲美。也許大師傅們，就是保定府來的老鄉哩。

在街上挽竹籃賣香乾子、臭乾子的，按字面意義想，應是那種帶咖啡色的香乾子，最受歡迎了——不然，人們嗜愛者，是臭乾子，紫灰色，軟泡泡的，不像香乾子那麼乾硬。臭的程度，也不像臭腐乳那麼強烈，作為閒食，比之油炸臭豆腐乾，又有不同的美味。

千張皮，豆油皮，豆油棍，豆油泡，都是豆腐作坊的出品，全國各地一樣，用不著多講。這兒，單說霉千張與豆渣。

霉千張，是把千張皮切成約十二方公分，捲裹成條，使之略略發霉，然後再切開成半公分寬的片片，以大蒜炒之，鮮美味道，當一切豆類製品之上。既下飯，又富營養，可惜人們少以之上席宴客。

豆渣，本是餵豬的，但江漢地區，住戶人家平日飯食，桌上常有碗豆渣。起初，用蔥蒜油鹽煎炒，若還剩餘到第二頓，就把一些殘餘的葷菜裹進去了。除夏季外，這碗豆渣，每天不斷有新添，可吃十天半月。這豆渣愈裹愈雜，就愈好吃。跟館子裡賣給窮人吃的雜燴菜又不一樣，因其主體在豆渣，由各樣葷味來配雜。窮苦人家，缺油水的膳食，就少有這道菜了。更有習俗，凡家中喜慶，大開筵席，必備一水缸的豆渣，把席上未吃完的剩菜通行倒下，以大鍋煎炒，即日分贈諸親友好，每家一大碗兩大碗不等。若非這習俗，那十桌二十桌酒席的剩餘，就不太好處理了。

過年時候敬神，除了三酒盅堆成帽兒頭的飯糰，上插金銀元寶花之外，還有三碟小豆腐，每塊五方公分，是湖南水豆腐，上面印了一個紅色的福字。過年的敬神，這飯糰與豆腐的供奉，似比豬頭三牲還來得重要，這自然是有講究的，道理何在？得問老輩人了。按旁地方習俗說法，取隔年的飯，供奉大初一這幾天，乃表示家有餘糧。中國人的彩頭，總希望「吉慶有餘」，而神鬼比人更喜歡吃豆腐。

花生豆腐

徐木蘭

在蕉風椰雨的南臺灣，夏天的日子總是來得早又走得晚。夏天，豔陽高照，天空萬里無雲，日子熱得令人難過。

雖然消暑品如冰水果、綠豆湯，大受人們歡迎，但是，正餐佐料的消暑開胃食物呢？

居住在臺灣屏東一帶的客家人，都喜愛在夏天把花生豆腐當做下飯菜。每逢夏日中午時候，大大小小的街道巷路上，都會看到賣花生豆腐的小販騎著腳踏車，喊著：「花生豆腐哦！花生豆腐哦！」於是，那些閒在家等待一個早上的老人、小孩、主婦都會隨著他的叫賣聲蜂擁而上，頓時，人們紛紛捧著裝上花生豆腐的碗碟，滿意地走回家中，開始享受那可口的豆腐。

一般說來，花生豆腐比普通豆腐的價格稍微貴些。普通豆腐一塊賣一元，花生豆腐則要一元五角或兩元，貴了一點，但是仍受客家人的歡迎。

據說，花生豆腐的製法及材料均要比普通豆腐複雜些，這也許是它自抬身價的原因吧。製作過程是花生先泡水去皮，再用機器磨成漿液，加水放入大鍋中煮，煮沸以後，再慢慢加入過濾的甘薯粉液（即太白粉放水濾過雜質），再改用溫火慢慢煮沸，最後將花生漿液倒入木板模型中，讓它冷卻後即形成花生豆腐。

做好的花生豆腐，顏色是灰白的，比普通豆腐更有黏性，用刀子切時不易切好，有時甚至會連同刀片一塊兒提上來，因此，它不像俗語所形容的「刀切豆腐四面光」，而花生豆腐切片後，形狀都是不忍卒睹，七零八落歪歪扭曲的樣子，有時確實很難在「外表」上贏得人們的青睞。只有我們客家人才能備嘗其中奧妙。

很奇怪的是，我從未聽說客家人煮或煎花生豆腐的，這可能是因為夏天太熱，而花生豆腐清涼可口，如果煮或煎後，則不成其為消暑品了。以前，電化家庭器具尚未普及農村家庭時，人們把買來的花生豆腐用冷開水沖洗後，裝在大碗中，再把大碗浸入冷水中，這樣一直到所有的菜飯都準備妥當後，再把放涼已久的花生豆腐取出切片放上餐桌。現在電冰箱已經步入每一個家庭，那古老的冰涼方法便已過時而遭到淘汰。這時，只要把冷開水沖洗過的花生豆腐，放入冰箱中冷凍，等到吃飯時，真正冷凍過的花生豆腐便更加受到人們的讚美了。

要放入冰箱冷凍之前，最好能先切片，否則冰凍後更難下刀。冰凍後的切片花生豆腐，灰白得發亮、晶瑩剔透，結結實實地豎立著，當你把一小片放入口中時，一股冰心頓時沁入脾胃，那時的快感真是令人沒齒難忘，只要嘗過它的人都會回味無窮。

一般說來，為了要下飯起見，冰凍的花生豆腐要配上一些佐料才可以。把蒜頭搗碎，澆上醬油、些許味精、麻油，即可放入小碗中當佐料。夾上一片花生豆腐再沾一下小碗中的佐料，吃來更增風味。客家人的小孩從小都不太愛吃蒜，因此，往往都不配佐料便猛吃「豆腐」了。

花生豆腐因為是用花生製成，所以營養成分也很高，但這一來卻害苦了那些愛漂亮的客家女郎。年輕的女孩臉上都會長青春痘，據說吃了花生豆腐後，青春痘便會變本加厲地在臉上繁殖，於是，愛漂亮的女郎都害怕臉上的小痘，望著家中其他人大吃花生豆腐，也只好猛吞口水了。

漫長的夏日一過，秋風開始瑟瑟吹襲時，花生豆腐的叫賣聲便也絕跡於巷口路邊了。

金鉤掛玉牌

仲　父

中國菜不僅味道好吃，光只聽聽名目也很新鮮過癮。一道菜，固然色香味都要講究，甚至還有兼顧到聲音之美的，例如「鍋巴海參」，先上一盤黃澄澄酥透了的鍋巴，然後端海參來，連湯往上一沖，盤中鼎沸，一片悅耳的爆炸聲，引得人口角流涎，再也顧不得禮數，要不自覺地舉箸了。為菜取一個別致的名目，則除顧到視覺、嗅覺、味覺、聽覺之外，心靈還有一分可想的，所以吃起來滋味長，想起來意味長。這就是中國人生活藝術的一面。

一道平凡的菜，比如說吧，肉末炒粉絲，不容易引起食欲，但是，四川人管這道菜叫「螞蟻上樹」，設想與現代畫的畫風，頗有相通之點，詩意自在其中矣。又如，黃豆芽煮豆腐，毫無了不起之處，比肉末炒粉絲還不如，卻有個出色當行的名目——「金鉤掛玉牌」。這道人人得而食之的國菜，在專制時代是不能上皇帝的御筵的，而有了「金鉤掛玉牌」這個堂而皇之的美名，寒傖氣盡失，富貴相畢露，誰能阻止它「淡掃蛾眉朝至尊」呢？

「金鉤掛玉牌」久已成寒舍一道「名菜」，此所謂「名」，並非譽滿全球的famous，乃是常客皆知的popular，而成為被敲竹槓的目標。我因這「二豆」組合的「一家春」，所費不多，既然朋友們肯賞光，也就樂於做東道主。像冷鋒滯留不去的冷天，買幾斤黃豆芽來，弄他一鍋湯，加上排骨豆腐，慢慢地煮、慢慢地熬，煮得豆腐起蜂窩，熬得豆芽出汁，熱騰騰地端上桌，拈幾坨送進調羹裡，一面吹，一面往嘴送，只覺一股熱氣，隨豆腐以俱下，而後周身發熱，滿頭是汗，連呼「過癮」，於是，喝一口酒，再啃一塊排骨，順便用調羹舀一瓢湯喝下，呼出一口熱氣，在熱氣氤氳中，主客的面貌就同時迷糊了，僅聞輕嘲淺謔，時夾笑聲。其間當然還夾著對「金鉤玉牌」的稱讚，但我一概裝做沒有聽見，因為那讚美的背面文章，無非是為下一次的「口福」預作安排而已。

原載五十六年十二月十七日中央日報副刊

魯東的斤豆腐

卜昭祺

接連讀到幾篇談論豆腐的文章，使我想起故鄉魯東的「斤豆腐」。在我國不論大江南北，長城內外，幾乎任何地方都可以吃到豆腐。豆腐的做法雖大同小異，但吃法卻各有不同。現在我來介紹一下家鄉魯東的「斤豆腐」。

「斤豆腐」是指沿街叫賣的一種。因事先分切過秤，一塊豆腐正好一斤重，所以叫做「斤豆腐」。應市前一塊一塊排列在用高粱稈編成的圓形「蓋頂」上，然後托在手上大街小巷的叫賣。家鄉的豆腐以「老」而有筋力為其特色，「斤豆腐」切成一塊一塊的立方體，放三兩天也不會變形，當然也不致減少重量。如有顧客不信，可隨時拿起老秤，用秤鉤鉤住豆腐稱一稱。有句歇後語說：「麻繩穿豆腐——提不得。」可是家鄉的「斤豆腐」用秤鉤鉤住，照常可提，足證這種老豆腐的筋力了。

家鄉豆腐的做法，也有與眾不同的地方，最大的特點是以滷水代替石膏。做豆腐的步驟是這樣的：

（一）**落渣子**——先把黃豆磨成粗渣，篩去內皮。下水泡浸到一定程度。

（二）**磨豆腐**——把浸泡漲開的豆渣放進磨子裡磨成漿糊。家鄉沒有機器磨，磨豆腐便成了一種艱苦的工作，多半都是在夜間進行的。

（三）**燒湯**——把磨好的糊加入適量的水稀釋後，下鍋燒煮，直到滾沸發出香味為止。

（四）**加滷**——這是一步比較有技術性的手續。就是把燒沸的湯舀到一個大缸裡，待溫度稍減，然後一手持杓，一手端滷（一種濃度極高可以漂起豆子的鹽水）邊滴邊攪。加滷的時間要適中，分量要恰好，做出來的豆腐才會更香更老。

（五）**壓豆腐**——湯加滷後便凝結成塊狀，漂浮在略呈黃色的漿中。這時再把它倒進一個圓形尺許深的篩子裡（篩底先鋪上白細布）濾出水分。再把篩底多出部分的白布包上來，裹住整篩的豆腐。然後再在上面加壓，把豆腐所含水分大部都擠出來。待冷卻後把篩子覆放桌面，再輕輕揭去篩子和白布，就成了一桌（家鄉習慣以桌為單位）厚約半尺，直徑約二、三尺不等的豆腐了。再切成正立方體形，就成了一塊一斤的「斤豆腐」了。

這裡再介紹幾種家鄉豆腐的大眾化吃法。做湯做菜因為已經有多人提及，所以只談當「主食」的部分。豆腐可當飯吃，在家鄉並不希奇。「一物降一物，車夥子饟豆腐。」這是家鄉的一句俗諺，意思是說推獨輪小車的腳夫，常常以豆腐當飯吃。推獨輪小車是相當吃力的工作。吃了豆腐照常可以維持體力，足證家鄉豆腐的與眾不同了。

（一）**煎豆腐**——把豆腐切成厚薄適中的片狀，然後攤放鏊子上加油以文火烤煎，直到各面都出現一層黃黃的硬殼。煎豆腐是在臨時設置的小食攤售賣，並備有各種「蘸水」。像椿芽汁、韭花醬、辣椒醬，和魯東特有的蟹醬、蝦醬等。這種豆腐以塊計價，「蘸水」免費供應。吃時盛放碗中，澆上「蘸水」。其色甚美，其味甚佳，尤其咬在嘴裡那股筋力勁兒，既像吃白斬雞，又似吃豆腐乾。這種豆腐的水分已減少到最低限度，又配上味道鮮美的「蘸水」，風味絕佳。又可以充饑，因此很受顧客喜愛。

（二）**炒豆腐**——把豆腐切成小塊，加油鹽蔥醬等作料下鍋炒食。簡單省事，但可具備湯、菜、飯三個條件。一般在夜裡工作的人，常炒上一鍋熱豆腐果腹，稱得上經濟實惠。

（三）**煮豆腐**——把大塊大塊的豆腐下鍋煮。時間越久，筋力越大，最後煮得變做淺黃色才算到了火候。煮豆腐也要配以各種「蘸水」才會味道香美。尤其這種豆腐習慣上不用刀切，只用筷子叉了蘸上「蘸水」就吃，別有一番情調。

（四）**豆腐捲**——在本省某些內地小館可以吃到，做法大同小異。是把麵粉和好擀成薄皮，把豆腐切成小塊再加各種作料調和成餡。然後把餡攤放麵皮上，再從一端捲起便成圓柱狀，輕輕壓扁切段，下籠蒸熟即成。

（五）**豆腐火子**——火子是北方特有的一種麵食，就是一種包糖的小餅。豆腐火子則是一層薄如蟬翼的麵皮，包以豆腐為主的餡。外觀仍像火子，但裡面卻是白花花的豆腐塊。由於火子是烙熟的，餡含水分不能過多，所以不同於豆腐捲和蒸包。

（六）**雞刨豆腐**——把一大塊白豆腐盛放碗中，上澆油鹽醬醋等作料後，用筷子攪拌就可以了。這種豆腐為一般行商客旅所喜愛。

魯東還有一種叫做「小豆腐」的食品，也順便在這裡提一下。

「小豆腐」是當地人比較時髦的叫法，另外一種比較俚俗的叫法是「豆沫子」。家有千頃的大財主吃「豆沫子」不算寒酸；身無長物的窮光蛋吃「豆沫子」不算浪費。

家庭婦女把做「豆沫子」當做一種重要的家事。做「豆沫子」先要泡上一大半盆黃豆，直到黃豆泡得圓鼓溜溜的，再把它用石磨磨成白花花、亮晶晶的「糊子」。磨「糊子」之前還要把豆子先舀出一勺，放在磨臺上，這是老規矩。

豆糊子磨好了，再和洗淨切細含水分較高的蔬菜——像菠菜、茼蒿、白菜、蘿蔔或嫩地瓜葉混合。再加上油鹽作料攪拌均勻後下鍋。聽說做豆沫子叫「插豆沫子」，這「插」是煮是蒸，是炒是燉？我也弄不清楚。

「豆沫子」既可當飯，又可當菜。剛出鍋的「豆沫子」冒著熱氣兒，一糰糰、一塊塊，黑裡透白，黑白相間。既像芝麻球兒，又似花生酥餅。另有那一勺子舀出來沒磨的豆子混雜在裡頭，星星點點，金光閃閃，非常好看，吃起來香鮮酥軟。喜歡吃辣的，再拌上點兒辣椒醬，吃得滿頭大汗，保險傷不了腸胃。

插豆沫子並不簡單，生手插出來的吃著就差勁兒。家鄉流行一個笑話，說是有一家子討了一個新媳婦兒，等三日入廚先插了一鍋「豆沫子」。公公回來坐上熱炕頭，盛上一大碗才吃兩口。他明知是新媳婦插的，卻佯裝不知，還故意誇獎說：「這豆沫子是誰插的？真好！真好！」新媳婦接口說：「俺爹，是我插的。」「嗯，嗯。好吃！就是有點兒磣。」「爹，那是大妹妹洗的菜嘛。」「啊，啊，還有點兒燎煙（燒焦）。」「那是二妹妹燒的火喲！」「啊，啊，糊子還有點兒沒磨勻。」「我說爹啊，那是三妹妹推的啊。」你說這「豆沫子」到底是誰插的？

原載六十年十月六日國語日報「家庭」版

東北鄉下人吃豆腐

宇平

我離開東北老家鐵嶺鄉下好幾十年了，豆腐的菜式吃過何止幾十種，但總覺得沒有家鄉的豆腐能教人吃得那麼過癮。許多人也許認為東北既然以出產大豆馳名世界，大概每個東北人吃豆腐都吃膩了，卻想不到豆腐這個價廉而一向做為陪襯的菜，在東北的鄉下仍然被認為是無上的「珍饈」。記得小時候，若是有一盤涼拌豆腐佐餐，就覺得已經有了好菜了。這並不是說東北人窮，買不起菜，而是民風淳樸、節儉，而且多數人家自己都有菜園子，用不著花錢買菜吃；每當春、夏、秋三季，都是菜園裡下來什麼就吃什麼，因此不是熬白菜，就是燉豆角（東北人不叫「四季豆」），再不就是生蔥、生蒜、生黃瓜之類，吃來吃去總是些青菜。偶爾換換口味，來幾塊豆腐吃，當然覺得新鮮味美了。因為大家平常很少買豆腐吃，就是買幾塊，一家一、二十口人，也只有「當家的」和少數同桌的人才有資格吃，所以多數人對於豆腐都特別嚮往。加以東北人性格豪放，吃什麼都講「管添」、「管夠」，買香瓜論「挑」（即一擔），買黃魚論「車」，買梨子論「筐」……有時特別想吃豆腐，索性由家裡自己做來吃，反正豆子不成問題，倉房裡有的是，只要上上下下大夥兒忙一陣，就可以吃得心滿意足，皆大歡喜。

家裡做豆腐，真是有趣又過癮的事情。誰家要準備做豆腐了，事先都打發小孩子通知附近的親友，到時候來家吃豆腐。我們幾乎不是把豆腐當菜吃，簡直把它當作「主食」，豆乾飯（紅豆高粱米乾飯）反而降為「副食」了。

家鄉做豆腐的情形大概是這樣的：揀上好的黃豆用水泡過，約莫一夜的光景，豆子泡大了，磨成豆汁，用籮濾去渣滓，把這種細豆汁放進大鍋裡煮，煮熟了，還是稀稀的，於是分出一盆，放在旁邊，留做別用；然後把鍋中豆汁，用適量的滷水去「點」，點過以後，豆汁中的豆粉部分凝聚起來，清水部分游離開了，這種凝聚的東西就是很可口的水豆腐。北平人叫做「老豆腐」，四川人叫「豆花」。用杓子撈些在碗裡，配上作料，大夥兒有的坐在凳子上，有的坐在炕沿兒上，不拘形式，唏哩呼嚕喝上一兩碗，真是其味雋美無比。所謂作料，在東北鄉下十分簡單，不外蔥花大醬、蒜泥清醬（即土製醬油）之類，不像在北平吃老豆腐那麼複雜，也不像在四川吃豆花那麼特別多放辣子。

吃了水豆腐，意猶未足，還要吃些豆腐腦兒。做水豆腐以前，不是還留著一盆煮熟了的豆汁嗎？就是準備做豆腐腦兒用的。做豆腐腦兒和做水豆腐，都得經過「點」的手續，只是點水豆腐用「滷水」，而點豆腐腦兒卻用「石膏」了。同樣的原料，用不同的東西去點，結果產生了形狀和味道都大不相同的成品，真是非常奧妙。不怪有人說，發明點豆腐的人，若是生在今日，說不定能得個諾貝爾化學獎呢！最妙的是這種點好的豆腐腦兒，沒有什麼清水游離開，即使有，也是非常的少，水分和豆粉部分都混合起來，所以格外細嫩。吃豆腐腦兒，作料稍微考究一點，有的燴個雞蛋磨菇滷兒，或是炸個雞蛋辣椒醬。因此，吃豆腐腦兒又比吃水豆腐「豪華」一些。

水豆腐、豆腐腦兒都吃夠了，肚子也飽了。這時，把多餘的水豆腐，用粗布包起來，壓出清漿，就成了切塊用的豆腐了。夏天不宜久存，客人們離去時，就便帶些回去，可以讓他們的家人們也分享分享。如果豆腐腦也有剩餘的話，下一頓可以燴著吃，若是在冬天，還可以做成天然的凍豆腐，我們叫做「豆腐泡兒」，就是把豆腐腦和滷兒混在一起煮，味道更好。

另外我還想起一種特別的豆腐來，也是黃豆的製品，但很少人看見過，不妨在這裡提一提。那就是用豆油做的豆腐，真是名副其實的「油豆腐」了。我這土生土長的東北鄉下人，也只見過一次。那年我大約十二、三歲的光景，有一個年齡較大的玩伴兒，帶我走了兩三里路去看一家搾油作坊。到了這家作坊，一進門，眼前的景象，真教我驚奇萬分。有八、九個油匠，都是年輕的小伙子，一個個赤條條的，一絲不掛，屋裡蒸氣瀰漫。他們正在拾起碾子上碾好的「豆片兒」，一筐一筐的倒進大得不得了的蒸鍋裡。這些豆片兒蒸得半熟以後，裝進草包裡，做成圓形，放在搾油機器上，一個疊一個，落得很高。上面是重重的絞盤，用力旋轉鐵棍，使絞盤向下轉，草包受了重壓，原來厚厚的、鬆鬆的、軟軟的豆片兒，慢慢就變得薄薄的、緊緊的、硬硬的了。油汁順著草包周圍流出來，流到下邊的槽兒裡，再引到桶子裡，這就是土製的豆油了，東北人家都用這種豆油做菜。油搾光了，把草包打開，剩下的渣子，成了一個個的大圓餅，那就是從前在萬國博覽會得過獎的東北豆餅了。

那些油匠平常工作辛苦，消耗體力過多，雖然一日三餐統由東家供給，但飯菜不會太好，所以自己想法子補充。所謂「靠山吃山」、「靠水吃水」，他們便「靠油吃油」。異想天開，竟用點豆腐的方法，同樣把適量的滷水趁豆油還熱的時候放進去，居然也會凝結成豆腐。這種用豆油點成的豆腐，滋味鮮美，但比較膩人，不能吃得太多，只能用它補充補充罷了。

此外還有幾件小事順便說一說，在「中國豆腐」一書「家鄉的豆腐」文中，作者說小豆腐是用粗豆汁點成的，其實在東北很多地方做小豆腐是不用「點」的。不但省去「點」的手續，而且是在煮的時候就加上切碎的陰乾白菜或乾蘿蔔纓之類，煮熟了稠稠的，馬上就可以吃了；用不著再拿小豆腐加上別的乾菜去炒了。所以小豆腐又叫「菜豆腐」，是最簡單而又可口的大眾化的菜。

在「北平的豆腐俗話」一文中，說麻豆腐是豆腐渣，這裡也有一點補充。原來麻豆腐並不是豆腐坊的產品，它乃是粉坊的副產品，是製細粉剩下的粉渣兒。其原料不是做豆腐用的黃豆，而是顆粒較小的綠豆。

在諺語方面，我也來湊一條。在東北形容一個人的想法很拙，或是主意不高明，就說他「過年吃豆腐渣，肚裡沒啥！」因為過年大家都吃山珍海味，起碼也是大魚大肉，而他吃的卻是豆腐渣，豈不等於「胸無點墨」嗎？

最後，我再講一個東北鄉下人喜歡講的故事，有一個自命不凡的「阿飛」型人物，一天到一家飯館吃飯，夥計問他點什麼菜，他搖頭擺尾、指手畫腳的說：「我要一個『白虎臥沙灘』，配上兩張大餅。」夥計聽了一愣，細聲細氣的說：「虎，虎肉沒有，請客官點另一道菜吧！」這位客人大為光火，指著夥計的鼻子說：「你們這家館子該關門啦，連最簡單的粗菜都沒有！」一句話提醒了飯館掌櫃的，急忙親到廚下，不到一分鐘就端上一盤菜來，放在客人面前。客人見了，火氣消了，其他看熱鬧的客人也都笑了。原來這盤菜就是涼拌豆腐，只有食鹽，沒有其他佐料。當時東北只有粗鹽，一粒一粒的，把豆腐放在上面，豈不就像「白虎臥沙灘」嗎？

鄉下人講土話，難免不中聽，希望方家不要見怪才好。

西南豆乾

若森

「燈明野店人初起；香到寒家日已西。」這副對聯是三水縣西南鎮市郊一家豆腐店的門聯，意境高超，不落俗套。

西南是廣三鐵路線上一個有五百戶店鋪的市鎮，以出產豆腐乾馳名，故市內有豆腐店不下三十家，這些豆腐店，俱以豆腐乾外銷為業務大宗，門市豆腐，聊備一格而已。

西南豆腐商，對於泡製豆腐乾，有一種特佳手法，做出來的豆腐乾，入口甘韌，香味襲人，以之佐膳，固是佳味，就是隨口小食，味亦雋永。這種美味豆腐乾，和蝦子扎蹄、滷水鮑魚，是昔日著名的「廣三三味」。

火車抵西南站，小販紛以豆腐乾向乘客兜售。廣三線車上亦有西南豆腐乾零售，當時一毛錢四紮，每紮五片，乘客多購買，憑窗小食，津津有味，足解旅途岑寂。此中情況，不失為廣三行車的一景。

臭豆腐簾子

陳景輝

吾鄉川西一帶，農忙過後，婦女的最大副業，除了打草鞋之外，就是做「臭豆腐簾子」了。因為這門生意，不獨本小利厚，銷路甚廣；而且所需的用具，都是現成的，只要有黃豆就行了。

臭豆腐簾子的做法：首先用溫水將黃豆泡起來，等到豆脹皮脫，就用磨子磨成漿沫，舀在一口大毛邊鍋裡，燒滾熬熟，用白布口袋濾去豆渣，成為雪白的漿汁。這時在裡面放適量的石膏攪勻，數分鐘後，便是濃濃的豆腐腦了。另外在一張平坦的案桌上，鋪上一塊白布，將豆腐匣子擺上去，把豆腐腦酌量舀進去，用刮子推平，再蓋一層白布，用平板壓著，如此一層層地往上堆。等到水分滴乾流盡，便成為一張張的豆腐皮了。

然後隨便抽個空兒，將豆皮取出來，放在案桌上；婆媳妯娌、姑嫂姊妹，來個總動員，將它捲成油條一般粗的長條，照一定的尺寸切斷。做得多的，擺在曬簟裡頭；做得少的，篩子就可以了。一直到豆皮捲完擺好，才在上面加蓋一層稻草，端到一處四面通風的陰涼地，由它長霉去。

一個星期後，臭氣四溢，普遍長一層米粒般深的灰毛，這就可以拿到市集出售了。你別看它氣味不佳，其貌不揚，同死耗子沒有兩樣，卻教人百吃不厭。那時我們鄉下人，去成都探親訪友時，都送的是臭豆腐簾子；贈者實惠，受者稱心，比送雞鴨、火腿還受歡迎哩。

臭豆腐簾子的燒法，也很簡單。將它切成一小截一小截的，等到鍋紅油熱，放下去煎成兩面黃之後，添上少許清水，佐以醬油、辣豆瓣、蒜苗等佐料，蓋好用微火燜上幾分鐘，就是一道受人歡迎的名菜了。

原載六十一年二月二十五日大華晚報「鄉情」版

豆腐泥鰍

廖明進

廣東菜中，據說有一道叫「萬箭穿」的，就是用豆腐和泥鰍做材料。朋友們談天談到這道菜的時候，都是眉飛色舞的。因為豆腐是蛋白質含量最高的食物，泥鰍則含有充分的男性荷爾蒙（是否屬實，尚待營養專家證實），因此，被稱為男士們的菜，和鰻、鱔同補而價廉，大家都吃得起。

「萬箭穿」怎麼做呢？

有人說，把泥鰍放在盛有豆腐的缽裡，然後放入熱鍋中，泥鰍遇熱，就會鑽進豆腐裡。然後把豆腐泥鰍一起煮熟上桌。其實，泥鰍的生命力很強，在熱度很高的鍋裡，也不會立刻死掉，會亂跳亂蹦，把豆腐弄得一塌糊塗。

只有把煎煮好的豆腐留在鍋裡，繼續猛火煮滾，然後把一條條的泥鰍，便插入豆腐裡，使其掙扎無力，才有辦法。

泥鰍豆腐的味道非常鮮美，它不但是男士們的菜，女士們也歡喜吃。

也談「豆腐泥鰍」

軒

讀廖明進先生大作「豆腐泥鰍」，猛然想起以前念書時，國文老師出的一道作文題：「我最喜歡吃的一道菜」。當時大家都把自己認為最喜歡吃的菜寫了出來，其中一位嚴姓女同學就寫了一篇「泥鰍鑽豆腐」，不過製作方法與廖先生所述略異。

泥鰍原產於水田或小河中，因此，在煮食之前，應先將其置於清水中，使體內所含之土質吐出。在清水中放二至三天（要換清潔的水），等土質已除去，泥鰍在水中待兩三天也餓了，將它們撈起，放進鍋中。並將預先做好的熟餡子放在鍋裡，泥鰍一見香噴噴的餡子，爭相吞食。此時可用文火，慢慢加熱，等泥鰍把餡子吃完，鍋中已有相當熱度，適時將整塊豆腐洗淨放入鍋中。泥鰍飽食，且因烹熱而漸失鬥志，看見冷的豆腐，即鑽入豆腐中。待整塊豆腐煎至焦黃，蘸作料吃，或加水續用猛火煮滾亦可。

原載六十年十月十六日及二十六日國語日報「家庭」版

海外吃豆腐

海外吃豆腐

彭歌

天下事往往如此，極平常的東西，一旦得不到，就會「想」得不得了；譬如豆腐。中國人說「青菜豆腐」，意思是說這是最起碼的家常菜，有點兒寒酸的意味。其實，這還是因為我們住在中國，隨時隨地都可以吃到豆腐的緣故。

在海外讀書的那些年，有許多「魂牽夢縈」的吃食。不是魚翅燕窩（因為本來我也很少有機會吃這種東西），不是雞鴨魚肉（這些東西倒不難得，論價錢也並不比臺北貴），反而是最平常的豆腐。我住的是一個數萬人口的「大學城」，當時祇有一家中國飯館，但菜單上竟也沒有豆腐。

後來，不曉得是哪一位高明的朋友，在好幾十哩路以外居然找到了可以買到豆腐的地方。原來那兒有一處軍眷區，都是由韓國與日本調回去的美國空軍人員和家屬聚居。其中有些軍人娶了東方女性，做豆腐的技術就這樣流傳去了。

住在香檳城的同學們，得到這個消息，真有點兒大喜過望。買回來嘗嘗，味道大佳，可能也是饑者易為食的緣故，想念得太久，有得豆腐吃，總是快意之事。一來一往，開車去也要兩個小時，買豆腐成了一樁大事。買到手的人，如果是在週末，必然要各處通電話，呼朋引類，以「紅燒豆腐」共進晚餐，客人必感激盛情，稱謝再三。有時買得多了——那是用白卡紙製成的方盒子，上面有一根鐵絲編的提手，一盒可以裝一磅豆腐——送到有「家」的朋友處去，必定受到主婦的熱烈歡迎。我想，中國人之喜歡吃豆腐，恐怕是無分南北東西，「人同此心」的事。

我甚至於這樣想：一個不懂得欣賞豆腐之美的人，大概不能算真正了解中國的文化，或中國的生活方式吧？豆腐雖然是最普通的東西，無論什麼地方——包括在國外，價錢都很平民化，充分顯示出中國人能夠將最平凡的東西「化為神奇」的智慧。世界上恐怕再沒有任何一種東西能像豆腐一樣可以有那麼多的變化，做成那麼多美味的菜肴來。

中國人之喜愛豆腐，大多數人雖然不見得能給豆腐科學式的解說（譬如多少卡路里之類的統計），或者哲學式的探討（譬如「布衣暖、菜根香、詩書滋味長」之類的箴言）；但是，這一份感情卻是很普遍的。從香椿拌豆腐到麻婆豆腐，或就是最簡單的河水豆花，都擁有千千萬萬的忠實信徒。

「紅樓夢」裡寫到劉姥姥進大觀園，聽到說吃茄子，認為是鄉下人的土物；卻不知那一道菜要靠許多隻雞來陪襯，因而肅然起敬，連念彌陀。其實，曹雪芹應該寫一道豆腐的豪華烹調法，讀起來就更為「齒頰留香」了。

豆腐是真正的民族工業，更是中國人十分重要的一種「發明」，大家沒有重視它，甚至於認為它「上不得酒席」，這種心理也要算是末世澆薄之風。

不以其真才實價來判斷，而以其「市價」來定高低，我們的愚蠢，恐怕不止限於對豆腐是如此吧。

一定要到了「久思豆腐不可得」的時候，才更能發現它的好處。這樣看來，豆腐也者倒真似賢人君子，在平易樸素之中自有其令人懷念不置的真味。

談豆腐

康德夫人

記得在中學讀書的時候，即從報章上讀到李石曾先生提倡素食並強調大豆的營養價值，當時在巴黎等地大肆報導與推行。如今素負盛名有大豆香的東北雖已淪陷，但豆類食品仍然是中國人歷史性的嗜好，和營養性的基本食物。

筆者在德國研究期間，適值二次大戰前夕，中國大使館和同學會，都在Kurfurstadamm大道附近，所以柏林西區的幾家中國餐館，經常供應豆腐豆芽之類的食物，後經調查其來源，竟是一位韓國僑民小規模的生產，用以維持其家庭生計。從這一件事上看去，豆腐應是東方人的專利品了。

現在筆者來美將近十年，美國雖然豐衣足食，富甲天下，但是蔬菜種類之少，令主婦們無所施其技。在美國大城市中有中國飯館或中國雜貨店，中國特殊的菜蔬的供應，尚不感覺缺乏。另外有些中國人聚居的地方，如密州Delta地區，有中國家庭數百家，他們自種雪裡紅、莧菜、韭菜、空心菜之類，否則需要開車七、八十哩或幾小時以上才可到達大城，購到所需要的中國菜。所以對於家鄉特產如蝦子腐乳、蕪湖醬油乾，以及抗戰期間在四川常吃的豆花，想起來不無令人垂涎三尺。

因此有時想到：取材當地，運用匠心，未始不可得心應手烹調一些模擬中國菜。伴著清香的米飯，豈不可大快朵頤？且看下面我的幾個關於豆類食物的菜單。

一、自製豆腐

將黃豆浸泡一夜，然後放入果汁機打碎。打好後經紗布過濾，其汁即為豆漿。在文火上將豆腐漿熬滾加入硫酸鈣（即石膏）或氯化鈣溶液，隨加隨攪直至豆漿凝成豆腦狀為止。然後將此凝固物再經過另一清潔紗布濾去其水分，傾入槽內，擠壓使成豆腐塊。此時水分又可除去一部分，固狀物即為豆腐。

據作者經驗：豆腐之老嫩，視加入鈣鹽分量而定。當隨個人嗜好或經驗而不同。其分量約以四碗豆漿加入約二茶匙鈣鹽為準。豆腐為富有營養之植物性蛋白質由鈣鹽沉澱而出之。我國所用之石膏，即是最便宜之沉澱劑。近年得自實驗室中之經驗，除氯化鈣外，若用其他有機化合物鈣鹽，亦可收同樣效果。此種手續，操作方面較繁。如果不喜自製，可用下列即席豆腐。

二、即席豆腐

即席豆腐（Instant soya bean curd）日本名ハイプロトソ，是日本出品，經由加州期金山日本食物公司輸入美國，包裝精美，由多數日本鋪或中國店代售，每一大包內有三包精製黃豆粉乾品，外加三小包凝固劑。平時宜慎藏在乾冷地方或冰箱內，用時傾倒乾粉一袋在鍋內，如水二杯或一又四分之三杯，攪拌勻和，置火上煮沸至大量泡沫發生，並不斷攪拌之。然後減低溫度再煮五、六分鐘，立即加入凝固劑一小包攪拌三數下使其均勻，此時立即將此沸過之物，傾入槽中或其他冷凝器內，待其凝固；或置入冰箱中，促其速冷。然後切塊燴菜。如冷食則拌以梅林罐頭公司之油燜筍或榨菜。如另加麻油及醬油尤佳。

據作者經驗：（一）加水之多少，視烹調者之愛好及口味而不同。如需製豆漿則宜多水，否則適量即可。（二）在降低溫度煮熬時，如用竹筷在煮物表面上細心輕輕掠過，則可撈些豆腐皮。一次復一次的撈起豆皮，可用以冷拌生菜。如若想吃甜飲或作飯後甜點之用，則請用下面兩則製法：

三、杏仁豆腐

即席豆腐熬好後即分別處理。所謂分別處理，所用凝固劑不同。第一則：即按上列「即席豆腐」辦法，加入石膏或日本凝固劑，同時也加入數滴至十數滴不等之杏仁精，此物在各大超級市場可以買到，攪拌均勻放冷，凍結後配合水果丁或用新鮮水果丁（香蕉、蘋果、櫻桃等）冷食之。第二則：豆腐汁熬好時即用一種美製的膠質名Knox (unflavored gelatine)，用冷水調好並和入少許白糖，加入豆腐汁中，攪勻，俟其放冷凝結成塊。

以上兩種甜食，雖凝固方法不一，吃起來大有臺灣杏仁豆腐風味，只是成品略帶象牙白色而已。下面推薦非豆腐一則，原料雖非豆類，但是吃起來確具杏仁豆腐風味，而色澤之漂亮，則有過之。

四、杏仁非豆腐

此法乃是以Knox作原料，由市場購得Knox後，將小袋內的膠固體，溶於冷水中和勻。加少許糖，立即沖入沸牛乳兩大杯於膠液中，同時滴入杏仁精十數滴，用力攪和，然後傾入潔淨大杯或盛器中放冷凝結。吃時切塊，加入鮮美之水果丁，真是色香味俱佳的夏日冷食品。

五、化身豆腐

蛋白質被分解後，都是可口的氨基酸混合物。豆腐只是不像酪，酪是動物性，而豆腐則是植物性的原料而已。在密州大學有一美國同事，他對日本菜和中國菜頗有愛好。他曾告訴我說：「你們中國的豆腐乳和我們市場中的 blue cheese 有同樣的鮮味。」我因想證實他的話和解我的饞，曾把 blue cheese 從市場購來，想不到這小小方塊的乳酪，加上麻油醬油，其鮮味確是像豆腐乳一般，只是略有點牛油的羶腥氣味而已。

總之，中國的食物及烹調著名於世。在紐約州、密州、路州，作者曾幾次被邀作中國烹調的示範，可知一般美國家庭對中國菜的興趣。只要我們中國的食品工業界以及家庭主婦們肯運用慧心和匠心，繼續研究，作成榮譽出品，提出烹調的簡便方法，使食物成品不僅可口，而且在烹調上操作方便，可節省時間，那不僅可以享譽於世界，而且在目前經濟競爭中，我們亦可增加許多外匯的收入哩。

原載五十八年七月十二日中央日報副刊

在美國吃豆腐

朱梅先

寄居國外，時常想家。想到了家，就想到父親；想到了父親，就想到豆腐。

父親最喜歡的菜是豆腐。只要豆腐一上桌，馬上笑逐顏開。無論是清燉紅燒、冷拌熱炒都會吃得津津有味。我們杭州人有一味家鄉菜「燉老豆腐」，是把豆腐包在紗布裡，擰乾了水分，放在雞湯裡，加上冬菇和筍乾尖一齊燉，火工要到家，把雞湯差不多燉乾，吃起來加鹽油和麻油，清香可口，父親說這個老豆腐送酒吃，其味無窮。

我到了美國，嫁了廣東人，南方北方口味懸殊，誰知這位廣東丈夫也喜歡吃豆腐。每次我到中國城去辦貨，問他要什麼，他總是說：「帶幾塊豆腐回來吧。」所以，豆腐一向是我買中國菜時不可缺少的一樣東西。有時臨出門前，孩子們也會異口同聲地提醒我：不要忘記買豆腐。

在美國，中國烹飪作料不齊全，買到了豆腐，就在可能範圍之內，盡量想些花樣來燒。最簡單的是白菜豆腐湯、菠菜豆腐湯和芥菜豆腐湯。又燒炒豆腐，魚或是蝦仁燴豆腐，也很可口。每次我燒一碗肉末豆腐，孩子們個個要添飯。除此之外，我們全家都喜歡的是酸辣湯。差不多在美國的中國館子，家家有這一味菜，有的不加醋跟胡椒粉，稱之為圈圈湯，非常受美國人歡迎。

請美國人吃飯，桌上如有一碟豆腐，很自然地就多了談話資料。我會向他們解釋從黃豆做成豆腐的過程，他們也都會叫我教他們中國話「豆腐」這兩個字怎麼說法。於是研究切音，討論四聲，結果，我聽見客人們有的把「豆腐」讀成了「多福」，有的讀成了「斗佛」，也有的讀成了「陶富」，真是熱鬧。最妙的是有一位美國朋友居然把「豆腐」讀成了「杜甫」。等我說明「杜甫」是中國唐朝大詩人的名字之後，大家前仰後合，笑成一團。有人說過：一個宴會是否成功，全聽笑聲的多少。若是我們用這個標準來判斷，在請美國人吃飯的時候，有一碟豆腐，包管賓主盡歡。

我不時常光顧中國城，所以每次去，必定多買點豆腐。買來之後，設法儲存持久。一部分新鮮吃，用塑膠盒子裝好，放在冰箱裡，每天換冷水泡著，可以維持到一個星期，原味不會改變。另外一部分放在冰箱的冰凍櫃裡，做凍豆腐吃。再留出一部分用紗布包好，平放在板上，上面加一大桶冷水，壓成豆腐乾。壓扁之後，放在冰箱裡，一兩個星期不會壞。再有的時候，我把豆腐一切四，放在油鍋裡，煎成油豆腐待用。

近兩年來，我發現日本食品店有做豆腐的豆粉賣，成包裝好，上面寫明做法，叫做「即席豆腐」，十分方便。我也買一些留在家裡，在青黃不接的時候，就拿出來做。不過，照我的經驗，這樣做出來的豆腐非常嫩，新鮮吃很好，有時甚至可以當豆花吃，但是不能做凍豆腐和豆腐乾，老豆腐更是絕對煮不成功。

在美國居留下來的中國太太們，不見得本來就懂得烹飪，為了現實的需要，逼得沒有法子，才在廚房裡應付一下。因此，往往不照傳統正宗的中國烹飪法，而自己以材料的範圍來杜撰，獨出心裁，有時也得到朋友們的稱讚。我曾經用豆腐做過兩樣菜，一樣是冒牌的廣東菜——鴿鬆。那是把豆腐和肉末炒成碎丁，加蔥花、醬菜丁與荸薺丁，用生菜葉子包著吃。還有一樣是「獅子頭」，那是在肉末裡加上一塊新鮮豆腐，和在一起再加作料，那麼獅子頭凝結得好，而且嫩滑，這可以說是「窮則變，變則通」。當然，要是沒有豆腐，是變不出來這兩樣菜的。

一般人說文章寫得不好，讀起來淡而無味，像是吃「白水煮豆腐」。所以豆腐，和魚翅海參一樣，也要借重別的作料，甚至於雞湯、火腿、冬菇等等來調味。但是我的這位廣東丈夫，卻時常堅持要吃「白水煮豆腐」，他說，消化不良，腸胃不清，「白水煮豆腐」是絕好食品。他還勸那些喜歡吃豆腐的朋友，也學習欣賞「白水煮豆腐」。他認為喝中國茶不要加糖，或者牛奶，始得其真味。吃豆腐也一樣，「白水煮豆腐」才能保持真味。喜歡吃豆腐，而不喜歡吃「白水煮豆腐」，算不得是真的懂得吃豆腐。

豆腐一向被認為是平民食品。有個傳說，乾隆皇帝下江南，吃到了菠菜滾豆腐，讚不絕口，問這是什麼菜，在宮廷裡從未吃過。左右侍從不敢說這就是窮人吃的菠菜滾豆腐，而美其名為「金絲白玉板，紅嘴綠鸚哥」（或作「金鑲白玉版，紅鑿綠鸚哥」）。的確，豆腐的身價，並不低微。目前，在美國的中國川菜館裡吃「砂鍋豆腐」是要預定的，算是上菜，價錢也很可觀。

二十年前，我們住在紐約，見到胡適之博士，談起孩子們在美國長大，教他們中國語言文字是一個問題。他說中國語言文字固然重要，但是也不要忽略了多向孩子們灌輸中國文化。吃的文化，當然也是中國文化的一部分。我的孩子們，現在能夠欣賞豆腐為美味，也可以算是得到了中國文化的皮毛，繼承我的父親和我的丈夫喜歡吃豆腐的家傳口味了。

豆腐及其他

莊因

出國以後，雖說身在江湖，荏苒七年，卻幸一直住在華僑匯聚的大城，沒有為「吃」的問題大傷過腦筋。五十三年底到五十四年底，住在澳洲的新金山（墨爾本），不舉炊，每天晚飯在小柏克街那零落的七八家中國餐館輪換著吃。通常是一盤粵式快餐，連菜帶飯，熱熱火火的，加一壺免費的茶水，算上小賬，八個先令就把腹患解決了。而快餐之中，我最常吃的，是「蝦球豆腐飯」與「叉燒豆腐飯」兩種。當時何以對此二飯獨有偏好，現在猶是思之惑然的事。強找因由，許是基於一種「見豆腐則如見故人」，潛在的鄉愁使然罷！除此之外，復記得當時聽友人傳告說，供應新金山華僑社會豆腐食用的，只有一人，年已古稀，且雙目有失明之虞。但令人真正戚戚的是，這位老人的獨家祕法拒不傳人，故一時頗令人有「六朝遺音成絕唱」的悵憂。豆腐若是絕跡於市場，其嚴重性恐將如歐美主婦不見了洋芋番茄，令人不知如何是好。但這究竟是否與我當時「向晚獨鍾白玉璲」有關，就不甚了了矣。

五十四年自南半球的新金山轉來北半球的舊金山後，遂不覺身在異土。因為在大埠唐人街漫步，耳聞目擊，盡是「大唐遺風」，華夏風物，自然用不著靠那看似無奇、軟弱乏力的豆腐來引人發思國之幽情了，倒是因豆腐觸發起我一些雜感來。

在金山華埠賣豆腐的，是幾間集中在都板街潮濕陰暗低矮狹窄的南貨鋪。都在當街靠門處置一堆木架，黑而舊的板子上停放著幾方豆腐，板子是濕淋淋的，很令人有不愉快的感覺。這情景跟我當年在大陸及在臺灣菜市場所見的似無二致，算是道道地地的中國豆腐了。不過，除了住在金山的華人得地利之便，可以成天享受外，散布在以金山為中心三十多英里方圓內灣區小城裡的華人，則只有吃「日本豆腐」的份兒。原因是，在這些小城市場中可以買到的豆腐，皆由日本人製作大量經銷。約一磅重的一塊豆腐放在一個白色的硬塑膠盒子裡，上面覆以透明塑膠包裝紙，嚴密合縫，既便攜帶，也便儲藏，更不會令買主有「沾衣裳」之苦，而乾淨、俐落、爽目是其外觀。日本人製的豆腐有兩種，一是一般家常燒炒用的，硬度與中國豆腐相仿，另一是嫩豆腐，做湯最佳。

我每次自市場買豆腐回來，到坐上飯桌把豆腐放在口裡，常為似乎屬於「莫須有」的情緒騷亂著：這樣沿習數千年，平淡無奇，卻與所有中國人每天生活密不可分的東西，竟然也需要日本人提供！特別是對中國人稠集的金山灣區來說，就不能不令人有難言的感慨了。當今日本人那種「全國一心，同策同力，集體經營，大利第一」的大和魂現實經濟思想，正勢如淩霜疾風，在世界經濟市場上以巨無霸姿態昂首前進、所向披靡的時候，未期這軟弱的一塊塊包裝硬挺的豆腐，也變成具體而微的象徵了！反觀我們那種數千年來如一日，所謂「獨家老店，別無分號」、「祖傳祕方，小本經營」的落伍思想，就很使人良久不能釋懷。姑且撇開這些，即以金山的中國城與日本城相比較，華埠那種雜亂無章、骯髒晦暗的情形，跟別人的明朗雅靜、井然有序的格局，誰都得承認是極端的寫照。

日人自戰前——甚至遠溯至明治維新也無不可——以至戰後，舉國上下以大和魂為轟，迎頭直追西方的精神，為他們帶來今日可堪自慰的驕傲，不論在政治、文化、國計民生，特別是在經濟這些方面，他們的碩果是不容否認的。回過頭來看自己，我們頂多被別人冠以「待開發國家中的先進國」頭銜，而若干大人先生竟常以此沾沾自喜，咸認「比下有餘」而足可告慰於國人，豈不令人啼笑皆非！

聯合報「楊子專欄」作者楊子先生曾為文說，他在去國之後，最令他氣短情事之一是，外國朋友每一見著他就把他認為當然是日本人。這種場面，不獨楊子先生為然，筆者也曾多次身驗。楊子先生有感而發，當是所有身在海外華人的共同心聲吧！話說回來，我最討厭聽一些中國人對日本人嗤之以鼻的那種酸葡萄批評：「中國人的腦子比小日本靈多了！他們的能耐也都是學人家的，總是跟在別人屁股後頭跑。」說這種沒學問的話的人大錯了！須知「學樣」並非易事，學得到家，才配談改進，而自成一格。日本人正是如此從學樣而改進，朝朝暮暮「鍥而不捨」才有今日成就的！如果只能做尖酸的批評而無積極行動；或雖有行動而但學他人皮毛，非驢非馬；或不敢面對現實，抱殘守缺，鴕鳥般一味以「傳統」來做護身符，光大義和團精神；則如非自卑，即是自私抑或自大！

話題再折返豆腐。我忽發奇想，中國人吃豆腐一如西方人吃「氣死」(cheese)，後者之製作，早已由家庭小本經營發展擴大到整個食品工業中重要的一環，大量供銷了。何以我們的豆腐一直停滯在落伍的小型製造階段呢？我願意在此奉勸臺灣的資本家，似乎大可以在這方面動動腦筋，設立大規模工廠，從磨碎黃豆到摻水成滷，到過濾到沉澱到點製到包裝，大批製作，既有大利可圖，又復「便民」，一舉兩得，僅對發揚國粹來說，庶幾乎也算一種「進步」了！

鐺中軟玉香——訪李石曾先生談法國豆腐公司

林海音

距今七十年前，約在西元一九〇〇年左右，李石曾先生到法國去留學，他那時正是一位二十一、二歲的青年。過了幾年，李先生就在法國開辦了一家豆腐公司，李先生可以說是最早把中國特有的食品——豆腐推行到海外去的人。李先生所學本是生物化學，所以對於製造豆腐並非難事。豆腐公司的工作者，差不多都是勤工儉學的留學生。勤工儉學是已故的吳稚暉先生的一個理想，和今天留學生靠打工賺錢讀書的意義差不多。而豆腐公司便是李先生根據稚暉先生的這種苦學原則而辦的。和李先生合作的，還有一位黨國元老已故的張靜江先生。

那時時值清末革命時期，他們到國外去留學，一方面也在海外鼓吹革命，豆腐公司是勤工儉學最早的實驗場所，同時也做為革命的財源，可以說是革命銀行經濟機構之一。

豆腐公司不光是供應中國人豆腐吃，在第一次世界大戰的時候，還供給美軍食用，因為豆食輕而養料多，最宜軍用。在旺盛的時期，日夜數百中西工人工作，還供不應求。為了擴充營業，還以廠作押向銀行貸款，以增加機器設備。沒想到大戰忽然停止，銀行倒閉，豆腐公司也隨之結束。

這以上是今年已經九十二歲的李石曾先生，在接受訪問時談及的。李先生是位素食家，是大家都知道的，他自二十二歲出國留學起就已經吃素了。其他兩位豆腐公司的主辦人吳稚暉和張靜江先生，也都是素食家，但他們素食的目的似乎並不完全相同。張靜江先生是吃佛素，「不殺生」的目的重於其他，而李先生則是吃的「哲學素」，它包括了：衛生的、經濟的和不殺生的。

豆腐公司的出品，不光是豆腐，還有豆芽菜、豆麵粉、豆腐乾、黃豆糖醬（可以代黃油抹麵包吃）。當年他們曾以豆類製品做成全份西餐，包括豆子製咖啡、豆乳，送給法國總統吃。

李先生也曾把豆腐乾以化學方法使之硬化，成為腐石，他曾刻了一個豆腐圖章，上面是一句蘇東坡的詩：

「鐺中軟玉香」。

訪東京雪竹樓

余直夫

東京雪竹樓在鶯谷，離車站不遠。這個雅致的名字，是從「竹葉之雪」的日文原義改譯的。日文有一個竹字頭下面一個「世」字的字，原義是小竹，或竹葉之意，這個字我想中文裡是沒有的，不過那實物和我國的箬葉相似。日本這種植物一長就是一大片，全是矮叢，只見竹葉不見竹枝。冬天積雪其上，確是別有風致。原來雪竹樓是有著二百六十年歷史的豆腐專門菜館。最初因為在上野的輪王寺裡有一位皇戚，對這家做出來的豆腐菜肴特別欣賞，覺得可以和竹葉上積雪的情景比美，於是便把它命名為「竹葉之雪」。本來只是一間江戶風味的小木頭房子，但兩年前經過改建之後，現在已是一幢四樓的洋房了。推門進去，有點像大旅社的休息大廳，門附近有兩位老者起立歡迎，招呼換鞋定座位等事。這時立即有一位女侍，前來引進。在脫鞋上去的左側，懸掛了一幅用玻璃框裝置的長條，上書：「淮南王始磨豆為乳脂名曰豆腐自是為豆腐異名。」字樣。

女侍把我引到一樓的餐廳，擺上座墊，隨即送來一壺茶和毛巾。這是可容客人約四十人的餐廳，矮長的烏漆餐桌，擺了四列，榻榻米是用一種光滑的細竹製成，大家都是席地而坐。靠外邊的一壁，中央嵌著一個長方形的大玻璃窗，窗外正對著一個人工的庭院，假山層疊，翠竹蒼松，夾植其間，奔泉自上流注，池中有錦鯉十餘尾，均頭向流泉瀉處，似觀瀑狀，真是一幅活的風景畫。

女侍給我小巧的菜單，上列該店的來歷，菜名僅十餘種，我叫了一客「五品料理」，即五種菜。因為時尚早，我便利用上菜前餘暇，到處觀看一番。一樓只有這一個大餐廳，食客都坐滿了，差不多都是一對對夫妻或情侶。其餘的地方便是賬房和廚房。二樓的餐室和一樓相近。三樓是六個雅室，每室額以「櫻」、「菊」、「桐」、「荻」、「鶯」、「紅葉」等雅致的名字，多係供三五知己或親友宴會之用，事先得預約。四樓只有兩個大的餐室，一個叫牡丹室，一個叫菖蒲室，是給團體聚餐之用，每室約可餐聚二十餘人。每室都有簡雅的書畫壁飾，如牡丹室內即一大幅牡丹墨筆加水彩的飾畫，紅葉室即有「紅於二月花」草書橫屏。二樓上樓處並有仿魏碑題辭：「白雲本無心，為風出岩谷」字樣。

我在四樓和帶領我參觀的女侍談天時，一樓的那位小姐便來告訴我菜已好了。回到原座，幾乎滿桌杯盤，我先嘗兩小碟油浸豆腐，只是豆腐泡在醬油裡似的，從油裡撈出豆腐來，還細嫩可口。一盌叫空也豆腐的，是豆腐上蓋了香菇、魚片等，底下的豆腐，沒有什麼兩樣。還有一種混蒸豆腐是把豆腐和蛋混在一塊兒蒸，上面蓋有雞塊、魚、檸檬片等。另一種只像我們的冷豆腐上面放點醬汁，還有一種記不清了。每一種的杯盤，大小式樣都不一樣。大抵日本菜的特色是保存原味，所以豆腐也是一樣，不管名目繁多，做法各異，但豆腐的那種淡味，永遠一樣。作者口重，所以吃了半天，還沒有嘗出它特異之處。至於菜單上還有一些吸引人的如「日光湯豆腐」、「信州凍豆腐」也就沒有再點了。我看鄰座的夫妻們，一邊飲酒，一邊一點一滴的細嘗豆腐，似乎佳處不在入口，而在那股情調似的。恐怕我還不懂個中三昧罷。那天除四樓外，一二三樓客人都是滿的，那些啖客的情調恐怕和坐禪、茶道的樂趣有一脈相通之處吧。

據「虛南留別誌」所載，日本之豆腐是從豐臣秀吉征朝鮮時，從朝鮮間接傳入日本的，但有的記載，卻是推原於唐時留學僧侶的直接傳來，並據傳最初豆腐只有貴族和僧侶才能享受。如今觀「空也」等命名，後者一說似為可信。日人不特有豆腐專門菜館，並有關於豆腐菜肴的專書，可見其講求之精。

吃日本豆腐

余阿勳

拜讀余直夫先生「訪東京雪竹樓」文章，不禁想起在日本那段吃「冷豆腐」的日子。

日本人做豆腐大致上分兩種，一種是把磨成的豆漿盛入棉布袋內，再置於木製槽中，槽床兩側挖有小孔數個，棉袋上壓以「重石」，豆漿中的水分便由小孔排出。另一種方法是利用絹布袋裝豆漿，而木槽中並不設小孔，壓在上頭的石塊也輕得多。

最近，豆腐槽也有改成金屬製的，這樣做出來的豆腐表面光滑，遠比木製槽做出來的好看。使用棉布做成的豆腐，側面留下很粗的布紋，如果要做「冷豆腐」的話，有布紋的部分便需切去一層，在感覺上比較好一點。

日本人一般都在夏天裡吃「冷豆腐」，但只限於晚餐，而且習慣上都要拿冷啤酒來相配合，才能真正地品嘗出它的美味。這時所喝的啤酒最好是攝氏十度，而冷豆腐是攝氏十五度至十八度最理想。

如果是經過熱湯煮過的話，至少要在流動的冷水中浸三十分鐘以上。若是自來水溫度超過攝氏十五度的話，最好在水槽裡放些碎冰塊，加以冷卻。

盛「冷豆腐」的盤子也要講究溫度的，不但溫度講究，色彩也要講究。盤子一般都用白色玻璃盤，盤面鋪一片紫蘇葉或楓葉，然後上面才擺「冷豆腐」。據說這樣子吃起來，情調好，能增加「冷豆腐」的美味。

除此之外，醬油和小碟子也必須預先加以冷卻，將它放在手掌上，像接觸到冰塊似的感覺最好。這麼一來，「冷豆腐」在送到口裡之前，涼意已傳進口中，美味自然倍增。

切豆腐的方式也要講究，大小雖不太一定，但形狀一定是正方體。而切豆腐的順序也與切蘿蔔不同，切蘿蔔是左手按住左端，刀子由右端往左端切，切豆腐則左手按住左端，刀子也由左端切過去，這麼一來，切好的部分才不會崩潰掉。特別要留意一點，就是切下的豆腐，必須方方正正，大小一致，這樣吃起來，才能給人潔麗舒服的感覺。

最後一樣是佐料，佐料種類很多，最主要是細削柴魚片，再加生蘿蔔絲、生薑、茗荷等，不下七種，一般叫做「七味」。這樣吃起來，的確別具一番風味，本來日本人是一個不太講究吃的民族，但對吃「冷豆腐」卻十分講究。

日本的豆腐菜單名目繁多，例如：「空也豆腐」、「湯波豆腐」、「高野豆腐」、「擬製豆腐」……等等，大多是清淡無味，缺油少鹽的，不會合我們中國人的口味，真如直夫先生所說，吃的全是情調。下列十二種菜單日本人稱之為「豆腐曆」，試寫供讀者「欣賞」罷！

元月：「夫妻豆腐」

將生豆腐與炸豆腐切成方塊或三角塊，一起放入鍋內，加水，以能蓋頂為準。然後削柴魚揉碎放入，再加少量醬油，以溫火煮至豆腐膨脹。夫婦對吃，愛情倍增。

二月：「埋寶豆腐」

先在鍋中煮濃豆醬湯，然後將白豆腐切成方塊放入湯中，煮到豆腐即將浮面時盛入大碗中，其上覆以剛煮好的白飯，白飯上再澆上豆醬湯，在寒冷的冬夜吃起來，溫暖無比。

三月：「丸炸豆腐」

將空罐或茶筒蓋，用鐵釘打五、六個小洞，從水中取出的豆腐置於蓋中，水滴盡後，倒在成堆的麵粉上面，使其整個沒入粉中。豆腐吸足麵粉之後，便呈現饅頭一般的表皮，放油鍋內炸兩三分鐘，色澤光豔，撈起放在盤內，上面鋪滿一層蘿蔔絲，再撒以削好的柴魚片。

四月：「串烤豆腐」

棉布製豆腐切成長條，串在竹根上烤數分鐘後，塗上薄薄的豆醬繼續烤。豆醬可發散特別的香味，吃起來豆腐中還含有水分，味道很美。

五月：「團魚豆腐」

在厚鍋中鋪上海帶，豆腐切片，整齊地鋪在海帶上面，然後倒進以六分水四分酒的比例用溫火煮一小時，放醬油和生薑就可盛起來。這種做法與煮團魚一模一樣，所以叫做「團魚豆腐」。

六月：「豆醬豆腐」

將棉布豆腐用布巾一塊塊包好，夾在兩塊木板中間，上面加不太重的壓力，使水分脫出。另在平面器皿上鋪一層豆醬，蓋上紗布，從棉布中取出的豆腐排列在紗布上，將紗布包起來，紗布外面敷層厚厚的豆醬，然後放入冰箱，擱兩天後取出，豆腐豆醬都好吃。

七月：「冰室豆腐」

將生豆腐盛入盤中，加以少量濃質醬油，然後將調好味道的拌蛋倒在豆腐上，以溫火蒸二十分鐘後，放入冰箱中冷卻。

八月：「夏雷豆腐」

夏季的一陣雷雨，是一服清涼劑。「夏雷豆腐」的做法是先準備好油鍋，再將切好的豆腐倒入，熱油碰到水分便發出猛烈的爆炸聲，這種油炒豆腐便叫做「夏雷豆腐」。

九月：「雁豆腐」

古代的日本將軍家裡，每逢元旦一定要吃鶴肉羹，到後來平民也以豆腐做成雁肉的形狀，命名「雁豆腐」。「雁豆腐」的做法很簡單，也就是將冷豆腐與海帶煮成清湯罷了。

十月：「柚子豆腐」

將柚子的蒂蓋切開，取出的柚肉以布巾擠成汁。另將豆腐與砂糖煮開後倒入「柚鍋」內，上面再切下豆腐，蒸七、八分鐘，讓蒸氣消失後再蓋上柚蓋。

十一月：「四川豆腐」

「四川豆腐」傳自中國。先往鍋裡滴上油加熱，然後倒入細切豆腐和青菜，兩手持鍋，上下晃動，炒熱後，加辣油或胡麻油。

十二月：「一夜凍」

在盆裡橫放數根竹棍，把豆腐切成火柴盒一般大小，間隔並排在竹棍上，用滾湯開水將豆腐淋澆一遍，然後放在屋瓦上直到第二天清晨。取下後，加細切柴魚煮十五分鐘便可食用。

豆腐在韓國

金弘志

可菜可湯

在韓國菜中，用豆腐做主要材料的種類很多。韓國人每天吃豆腐，這話並非誇張。舉幾個例子吧！如豆醬豆腐湯、辣椒醬豆腐湯、黃豆芽豆腐湯、用油或豬油炸豆腐、將豆腐置入沸水中再撈出的白豆腐（將蔥切片，和辣椒粉、芝麻油放入醬油，然後把它倒到豆腐上面吃）、蛤蜊豆腐湯、魚豆腐湯，特別在冬天用「明太」（一種大口魚，臺灣沒有）做的豆腐湯，鮮美爽口，是非常有名而普遍的。此外還有夾豆腐（豆腐中間夾切碎的豬肉或牛肉）等等，都是人們愛吃的。

上述的豆腐菜，即使家庭貧窮者都買得起。但是按照各人的嗜好和地方習慣，即使用同樣的作料，所做的味道卻不相同。如果你有機會嘗韓國菜，就知道每個家庭的菜，都各有特色。

一般來講，韓國湯可分為兩種。一種湯是為了泡白飯的（韓國人很喜歡吃湯泡飯。例如：牛肉湯泡飯、牛肉排骨湯泡飯、雞湯泡飯），其湯較清淡。還有一種是韓國特有的湯，名叫Jige（用中文翻譯是雜拌醬湯），是又辣又鹹又濃的。

豆腐是一種營養豐富而且價錢便宜的食品，所以我在韓國三年當兵的時間裡，每天都吃豆腐湯。韓國豆腐的種類只有兩種，是白豆腐和炸豆腐。除了夏天吃炸豆腐以外，春秋冬三季都吃白豆腐。

饅頭湯是我最愛吃的一種，用豆腐做的，外形和中國的水餃一樣。如果你有機會到韓國去的話，不分季節，一進韓國菜館就可以嘗到饅頭湯。在韓國菜館他們賣兩種，一是饅頭湯，一是年糕饅頭。假如你叫饅頭湯，他們給你的是一碗饅頭湯、一碗白飯和一份泡菜。但是，假如你叫年糕饅頭，他們會給你一碗年糕饅頭、一份泡菜，就沒有白飯了。

我住在臺灣已經三年多了。最思念的家鄉菜就是韓國的饅頭湯了。在家鄉時，有客人或碰上過節的時候，媽媽常做美味可口的饅頭湯。媽媽做饅頭湯的時候，我們四兄妹都在媽媽的旁邊兒幫她的忙。因此，我也知道了饅頭湯的製法。但是，在臺北，我跟我太太一起曾經做過饅頭湯，樣子是和媽媽做的差不多，味道可就不像在老家跟全家人在一起吃的那麼好吃了。

材料：

豆腐、豬肉、牛肉（或雞肉）、綠豆芽、白菜、麵粉、蔥、大蒜頭、麻油、胡椒粉、鹽、香菇。

做法：

一、將豆腐裝在一個布袋子裡，上面壓重物，把豆腐的水分壓出。
二、將牛肉（或雞肉）放入大鍋內，加水（一人份要一個中碗多的水）煮熟，然後將牛肉（或雞肉）撈出，切成薄片（雞肉撕裂）。
三、將綠豆芽放入沸水中燙軟，撈出擠乾水分。
四、將白菜放入沸水中燙軟，撈出切碎擠乾水分。
五、將豬肉切碎。
六、蔥和蒜頭切碎。
七、將豆腐、豬肉、綠豆芽、白菜放入大深碗中拌勻，加上適量的蔥和蒜頭、麻油、胡椒粉、辣椒粉、鹽等，充分的拌勻。
八、用中國做餃子皮的方法做外皮。

九、將（二）項的牛肉片（或雞肉）放入另外的大深碗中，加上蔥和蒜頭、胡椒粉、辣椒粉等，拌勻待用。

十、用餃子皮放入（七）項的材料，摺成中國餃子形的韓國饅頭放入沸牛肉湯（或雞湯）中煮熟，然後在（九）項大深碗中，每碗盛上五、六個饅頭和湯，美味可口的韓國饅頭湯就算做成了。

附註

一、為增加韓國饅頭湯外觀美，可在湯內放些煮過的香菇片，又香又好吃。

二、在冬天，以連骨一起打碎的雉肉代替豬肉，更是美味。

三、年糕饅頭就是將米糕切片，和饅頭一起煮好，盛在碗裡吃。

四、用白飯泡饅頭湯是另一美味。

做韓國饅頭湯手續雖多，卻能使全家人都享受到美味可口又營養豐富的一餐。

幾種特殊做法

申美子

豆腐扇（宮中食譜，扇是韓國音）

材料：

豆腐兩塊，雞蛋一個，豬肉五十公克，石耳一個（不知道臺灣有沒有，可以用木耳代替），香菇一個，辣椒細片少許，作料：蔥、蒜頭、胡椒粉、鹽、麻油、芝麻鹽。

做法：

一、將豆腐用布包好擠乾。

二、豬肉切碎，然後跟豆腐、作料拌勻，做成一個一個兩寸見方，一指厚的方塊。

三、石耳和香菇切細片，再放入一點辣椒細片。

四、做一個蛋皮，捲好切成細片。

五、做好的方塊（即二）放入蒸籠，把（三）項和（四）項分攤在方塊上面，蒸約十五分鐘即成。

附註：芝麻鹽的做法是：芝麻洗淨，放在砂鍋裡炒至芝麻呈黃色，如白鹽拌勻，隨後研碎（不要研得太細）。

豆腐CHUNGOL

材料：

豆腐兩塊，蔥兩根，雞蛋一個，芹菜少許，牛肉一百公克，蘿蔔一個，石耳十個，香菇五個，胡蘿蔔半根。作料：蒜頭、芝麻鹽、麻油、醬油。

做法：

一、豆腐橫切成〇．五公分薄片，撒上鹽，用花生油煎黃。

二、牛肉切碎，放作料拌勻。

三、石耳和香菇發軟後切成細片。胡蘿蔔切片，入沸水中稍煮後撈出。

四、芹菜整條放入開水鍋中稍煮，注意勿失葉色。

五、一片豆腐上面，置入（二）項的牛肉，然後用另一片豆腐蓋起來，再用芹菜把豆腐紮一下，同樣方法將其他豆腐做好。

六、先將蘿蔔和蔥切片，鋪入鍋中，然後將（五）項的豆腐一個個堆在上面。

七、芹菜、蛋皮切成一寸長條，和切片的石耳、香菇、胡蘿蔔鋪在豆腐上。

八、加水入鍋滿至和豆腐同高，加火煮熟，就製成了「豆腐CHUNGOL」。

附註：CHUNGOL為韓國菜名之一。

煎熬豆腐塊

材料：豆腐一塊，胡蘿蔔和綠色蔬菜少許，醬油一大匙，花生油一大匙，鹽及胡椒粉各少許，糖精三分之一茶匙。

做法：

一、豆腐用布包好擠乾，用手攪碎。

二、胡蘿蔔和綠色的菜切成碎塊，放入沸水中稍煮即取出，撒上麵粉拌勻，放入豆腐，再加上胡椒粉、鹽及味精少許混合拌勻。

三、將（二）項用紗布捲成長捲（比中國的春捲略長），然後入蒸籠中蒸十五分鐘。

四、將（三）項放炒鍋內，用花生油煎一下。

五、將醬油一大匙、糖精三分之一茶匙放入炒鍋，到沸時把豆腐放入，將豆腐滾轉煎熟。

六、取出切成一公分厚的塊片，即可上桌食用。

豆腐小瓷盅

材料： 豆腐一塊，豆瓣醬一大匙，牛肉四十公克，辣椒醬一茶匙，冷水三分之二杯。作料：蔥、蒜頭、味精、芝麻鹽。

做法：

一、牛肉切碎，加上作料，然後加豆腐和豆瓣醬，拌勻，放進小瓷盅中。

二、辣椒醬、醬油和冷水放入小碗中拌勻，加入小瓷盅中，放在小火爐上煮約十五分鐘，然後改用小火，維持沸滾。

三、吃時連爐上桌。冬日食之，倍增情調。

漢城的豆腐花飯店

河正玉

在漢城各機關聚集的地方，例如在政府綜合廳舍或者市廳的附近，往往也聚集著許多飯店。通常在飯店多的地方，總會有兩三家專門賣豆腐花的飯店。

韓國人管豆腐花叫「純豆腐」。這個名詞裡的「純」字是純粹的韓國話，跟「純」字的本來意思不是完全相通的，我只取這個字的口音。製成豆腐的過程是，以黃豆泡水磨漿，把它裝進布袋裡搾出豆漿，在豆漿中加幾滴鹽滷煮了以後，再放進布袋裡壓出水分，乾硬了就成豆腐。在這個過程中，煮了以後壓出水分以前的嫩豆腐，就是豆腐花。

有的豆腐花飯店先將豆腐花烹好，要吃的時候才用調味醬油拌著吃。通常是先混摻辣椒醬，再依各人的口味加上牛肉、豬肉、蛤、牡蠣等一起煮。這些是必須用陶器的碗缽來煮，同時也必得一碗一碗的分開煮，這是為了要保持溫熱，不使它冷卻的緣故。當豆腐花湯端上桌時，還保持沸騰的狀態，人們冒著汗呼呼的邊吹邊吃。不過，冷卻了的豆腐花湯也別有一番風味。

在豆腐花飯外表的菜肴是調味醬油、泡菜、蘿蔔泡菜、蔥泡菜、綠豆芽、黃豆芽、蛤醬中的一、二種。客人以調味醬油來選適合自己口味的，先在飯上放一、二湯匙，然後一定把飯倒在陶器碗缽上攪拌著吃。因為是這樣的攪著飯吃，通常便稱之為「純豆腐白飯」，也就是「豆腐花飯」。

在韓國人的飯桌上，依例不是湯端上，便是雜拌醬湯端上。韓國的湯和中國的湯式樣相同。但是在中國，湯和飯是分開來吃的；在韓國，每人各有一個湯碗，而在湯上摻以飯吃。雜拌醬湯在中國似乎是沒有，它是作料多而水少且鹹。吃的方式和中國湯一樣，是擺在飯桌中央，和其他的菜一樣，大家一起吃。

豆腐花湯，事實上並不是湯也不是雜拌醬湯。說它是湯吧，水又太少，說是雜拌醬湯吧，又太清淡了。但是反而更受到大眾的喜好。當然在一般家庭要做這來吃是相當費事的，只有在專門做豆腐花的飲食店中方可看到。飲食店賣的菜中，大約豆醬雜拌醬湯和豆腐花湯是最使人鄉思的飲食；所謂使人鄉思的飲食，換言之，即是最適合韓國人的口味，並富有家鄉口味的小菜。

可是，對於豆醬雜拌醬湯講的話，在一、二合大的碗砵裡倒入些泔水，加入豆醬一匙攪混使它稠些，再加上豆腐、豬牛肉、蘿蔔、鰯魚等在旺火上煮好久才吃；一般家庭也通常這樣吃。但是豆腐花湯呢？做成豆腐花需要許多用具，並且少量生產是很困難的，在市場專門做豆腐花來賣的已很稀少，一般家庭自然更是沒有。所以在家庭裡製成豆腐花湯是不容易的，通常只能用豆磨醬做雜湯來吃。

從這一點來看，飲食店用豆腐花湯來做飲食，可說是最有特色的食物了。

我來臺灣還不到一個月，而腦中所縈想的便是這豆腐花飯。通常所謂代表韓國飲食的泡菜和烤肉，在此地的韓國人所開的館子或韓國人的家中，隨時都可嘗到，而且臺北市內也有許多韓國人經營的餐館。不過在這裡所吃到的泡菜和烤肉，作料有些不同，所以比起在韓國所吃的，其式樣雖相同但是味道則全然有別。因此對於泡菜和烤肉的固有風味只能存於記憶中，如今對於這樣的食物反而不想去吃它了。而豆腐花飯在這裡全然沒有，所以對那特有的故鄉風味卻是越想越令人垂涎三尺。

六十年九月一日

註：「豆腐在韓國」的三位作者：金弘志、申美子和河正玉，全是韓國留華學生。金弘志和申美子是一對夫婦同學，他們都畢業於韓國漢城大學，現在國立政治大學讀碩士班，金弘志讀企業管理，申美子讀中國文學。河正玉也畢業於漢城大學，並任教於漢城大學的中國文學系，今年來華在國立政治大學讀博士班。

豆腐菜單

豆腐菜單

夏祖美、夏祖麗　輯

本書所提供的豆腐菜單，是給讀者們做參考的，所以我們祇是簡單的寫下所用材料及做法，因為這不是一本食譜的書，不是專教做菜的。其實豆腐菜何止這些，我們抽樣所選的，無非是替讀者們想想菜，同時也可以引起讀者們的聯想。

中國的主婦，無論她怎麼說不會做菜，也有兩手兒，家家的主婦都有她特殊而別致的食譜，也許有讀者看了某個菜單會說：「這個菜不是這樣做！」中國菜變化無窮，一個「紅燒豆腐」，在我們所收集的食譜中，就有四種不同的做法。麻、辣、鹹、燙的「麻婆豆腐」，我們發現，同是四川人，就各人有各人的做法，本書前面「豆腐．節婦．傳麻婆」一文中，最後所寫「麻婆豆腐」的做法，就和本菜單中的做法，大異其趣，也許主婦們看了以後，又做出她自己的「麻婆豆腐」來！好在離開了成都北門順城街，那兒的「麻婆豆腐」都走了樣兒啦！

這份豆腐菜單，大致是以烹調的方法略分類，如「羹湯類」、「燒炒類」……等，再加上最後的豆腐加工食品如豆皮、豆乾的菜單。

涼拌類

柴魚拌豆腐

材料：嫩豆腐　柴魚　蔥末　薑末　麻油　醬油　味精

做法：

一、嫩豆腐用冷開水洗淨，切成整齊的小塊，放在淺盤中不要散開，把水分倒掉。

二、另用碗將醬油、麻油、味精、蔥末、薑末放在一起拌勻，澆在豆腐上，再撒上柴魚即可。

小蔥拌豆腐

材料：嫩豆腐　小蔥　麻油　醬油

做法：

一、嫩豆腐用冷開水洗淨，整塊放在淺盤裡，把水分倒掉。

二、切碎的小蔥撒在豆腐上，澆上麻油、醬油，吃時再將豆腐用筷子拌碎。

香椿拌豆腐

材料：嫩豆腐　香椿　麻油　醬油

做法：

一、嫩豆腐用冷開水洗淨，整塊放在淺盤裡，把水分倒掉。

二、香椿摘洗好，放進開水鍋裡燙一下撈出，剁碎。

三、香椿撒在豆腐上，澆上麻油、醬油，吃時拌碎即可。

松花拌豆腐

材料：嫩豆腐　松花（皮蛋）　薑末　麻油　醬油

做法：

一、嫩豆腐用冷開水洗淨，整塊放在淺盤裡，把水分倒掉。

二、皮蛋剝殼，用筷子夾碎，放在豆腐上。

三、麻油、醬油、薑末放另碗內調好，澆在皮蛋豆腐上即可。

羹湯類

海帶排骨豆腐湯

材料：小排骨　豆腐　海帶　蔥　薑　鹽

做法：

一、剁好的小排骨，發好切成段或絲的海帶，及蔥段、薑片同放入湯鍋中煮。先大火再改小火，約煮一小時半。

二、湯煮好放鹽後，上桌前，再將切塊的豆腐放入湯中略煮即可。

魚丸豆腐湯

材料：豆腐　魚丸　芫荽　蔥花　生油　胡椒粉　白醬油　鹽

做法：

一、生油起鍋爆香蔥花後，倒入魚丸，放白醬油、鹽略炒後，倒入高湯或清水煮。

二、湯開後加入切成塊的豆腐。再滾時，加胡椒粉和芫荽即可盛食。

一品豆腐湯

材料：嫩豆腐　雞胸脯肉　蛋黃　銀耳　豌豆苗（或嫩菠菜）　胡蘿蔔　芹菜　雞湯
　　　鹽　味精　胡椒粉

做法：

一、豆腐弄碎用紗布濾去水分，雞肉用刀背剁成碎泥，挑去筋，加入豆腐內。

二、蛋黃打散後加入豆腐中，再加鹽、味精、胡椒粉拌勻，倒入已抹好油的湯盆內，表面抹平。胡蘿蔔絲、芹菜絲點綴其上，放入蒸鍋內蒸。

三、雞湯加鹽煮滾，加入發好的銀耳及豌豆苗（或菠菜）。

四、已蒸好的豆腐，用刀劃成菱形塊，澆入熱雞湯上桌。

酸辣湯

材料：豆腐　雞血　木耳　筍（或榨菜）　雞蛋　熟豬肉　芫荽　蔥花　豬油　麻油
　　　鹽　醬油　胡椒粉　太白粉　醋　高湯

做法：

一、高湯煮開，將切成絲的豬肉、木耳、榨菜（或筍絲）放湯內加鹽略煮。

二、接著放入切成細條的豆腐和雞血，略加醬油同煮。開後，倒入調好的太白粉勾芡，再淋入打好的蛋汁，並加入一些豬油，就可以倒入湯碗中。

三、湯碗裡先放好麻油、醋、胡椒粉、芫荽末、蔥花。

豆腐味噌湯

材料：豆腐　味噌　蔥花　鹽　生油　味精

做法：

一、起油鍋爆炒蔥花，加水煮開。

二、把用水調開的味噌倒入鍋內煮，滾時放入切成小方塊或條狀的豆腐，再加鹽與味精，煮開後即可食用。

番茄豆腐湯

材料：豆腐　番茄　芫荽　醬油　麻油　生油　鹽　太白粉　高湯

做法：

一、豆腐切成塊，放入煮開的高湯或清水中，加入鹽、醬油。

二、番茄去皮去籽後，放油鍋內略炒，再加入豆腐鍋中同煮。

三、調水的太白粉，淋入豆腐湯，再澆些麻油及芫荽，即可起鍋。

小白菜豆腐湯

材料：豆腐　小白菜　乾蝦米　蔥花　醬油　生油　麻油　鹽

做法：

一、生油燒熱爆炒蔥花，淋少許醬油，倒入清水。水滾後，再加入已發開的蝦米。

二、切成段的小白菜先放入，水滾後再放入切成塊的豆腐同煮。

三、加鹽調味，盛起時灑一些麻油。

金針豆腐湯

材料：豆腐　金針　醬油　麻油　鹽　味精

做法：

一、金針發好，切去硬頭，再切為兩段，放入鍋中加水煮開，再加醬油、鹽、麻油、味精。

二、豆腐切成條或塊，放入鍋中同煮，湯滾後即可盛食。

豌豆豆腐羹

材料：嫩豆腐　嫩豌豆　火腿　筍　豬油　鹽　太白粉　高湯　味精

做法：

一、豆腐、熟火腿、略煮過的筍都切成丁（凡做羹湯類的豆腐，都是用嫩豆腐，切時最好把豆腐的硬皮片去），放入煮開的高湯或清水同煮。
二、嫩豌豆較後放入，再加入鹽、豬油和味精。
三、加入調好的太白粉勾芡即可。

黃魚羹

材料：黃魚　嫩豆腐　薑絲　蔥絲　芫荽　豬油　麻油　料酒　白醬油　鹽　胡椒粉　高湯　太白粉

做法：

一、黃魚（或其他可以去皮骨的魚）去皮骨，切成細絲，用豬油略炒一下，淋料酒後放高湯煮。
二、豆腐切成丁或細條，與薑絲、蔥絲放入魚湯內同煮，放鹽、白醬油調味。
三、湯滾後，放調好的太白粉勾芡。盛起時淋麻油、胡椒粉和芫荽。

蚵仔豆腐湯

材料：嫩豆腐　生蚵　蔥花　薑絲　茼蒿菜　料酒　鹽　白醬油　生油　麻油　太白粉　胡椒粉

做法：

一、生油燒熱爆炒蔥花後放水，水開時放薑絲及切成丁的豆腐煮。

二、生蚵洗淨加少許料酒，再拌以太白粉放入湯中同煮。再加鹽、白醬油調味。

三、湯開後，放入茼蒿菜略煮，澆上麻油和胡椒粉，再以太白粉勾芡即可。

海參燴豆腐

材料：嫩豆腐　海參　豬肉　毛豆　雞蛋　鹽　白醬油　太白粉　高湯

做法：

一、發好的海參切丁，放入高湯裡煮，同時放白醬油、鹽等調味品。

二、肉末用白醬油、鹽、料酒及太白粉拌好，倒入湯內打散開。

三、將切成丁的豆腐和用淡鹽水煮七成熟的毛豆，放入湯中同煮。

四、煮開後，先澆調好的太白粉，再澆打好的蛋，邊澆邊攪，再開鍋即可。

魚燴豆腐

材料：嫩豆腐　旗魚（或容易去皮骨的大魚肉）　油豆腐　豆瓣醬　蔥　薑　糖　鹽
料酒　生油

做法：

一、魚肉切成大厚片，入油鍋中煎，兩面略黃後，倒入用水調好的豆瓣醬，再加水、鹽、糖、料酒同煮。

二、魚湯滾後，把切好的油豆腐和豆腐放鍋中，蓋上鍋蓋煮滾後，加薑絲和蔥段，即可趁熱吃。

腐乳豆腐羹

材料：嫩豆腐　筍　豬肉　紅腐乳汁　白糖　太白粉　料酒　生油

做法：

一、豬肉切絲加料酒、太白粉拌勻。油燒熱，炒肉絲和已煮熟的筍絲，加一碗清水煮。

二、煮滾後加入切條的豆腐，同時將調了少許白糖的紅腐乳汁倒入。

三、等再滾後，淋入調好的太白粉勾芡。腐乳汁是鹹的，所以不必再加醬油或鹽，即可盛食。

砂鍋全魚

材料：鯉魚　豬肉　香菇　筍　豆腐　粉皮　蔥　薑　青蒜　太白粉　生油　鹽　酒
高湯　豆瓣醬　胡椒粉

做法：

一、鯉魚剖洗淨，在魚身兩面各斜剖三刀，濾乾水分後放油鍋裡煎成兩面黃撈出。

二、用鍋內的油，爆香蔥段、薑汁，再放入豬肉片、發好切塊的香菇、煮熟切片的冬筍同炒，並加入豆瓣醬、鹽和高湯。

三、湯滾後，放入煎好的鯉魚，煮約十分鐘，加入豆腐塊略煮，再放粉皮和調好的太白粉，起鍋時撒上胡椒粉和青蒜絲。

砂鍋白菜豆腐

材料：豆腐　大白菜　乾蝦米　火腿　香菇　筍　豬油　鹽　高湯

做法：

一、把切好的大白菜墊在砂鍋底，上面放煮熟的筍片、火腿片、豆腐塊、泡軟的乾蝦米和香菇塊。撒上鹽，澆入高湯。

二、煮開後，放入一匙豬油，再用慢火燉熟即可。

砂鍋魚頭

材料：鰱魚頭　豬肉　豆腐　筍　香菇　粉皮　蔥　薑　豬油　醬油　糖　料酒　高湯　生油

做法：

一、魚頭洗淨後先用料酒和醬油醃一醃，再入油鍋內煎到兩面黃。

二、魚頭移到砂鍋裡，用原油鍋炒薑片、肉片，加湯、醬油和糖，以旺火煮滾後放筍片、香菇片。

三、將湯及佐料倒入砂鍋內和魚頭用慢火燉半小時後，加入豆腐和粉皮再煮數分鐘，上桌以前加入豬油和蔥段即可。

三絲燉豆腐

材料：豆腐　豬肉　筍　香菇　雞蛋　芫荽　火腿　鹽　高湯

做法：

一、豆腐切大塊擺在大碗底。

二、豬肉、筍煮熟切絲，火腿切絲，雞蛋煎成蛋皮切絲，香菇泡軟切絲，都擺在豆腐上，撒上鹽，加入高湯。

三、放進蒸鍋內隔碗放水燉約十幾分鐘即可，上桌前撒上些芫荽。

畏公豆腐

材料：老豆腐　干貝　香菇　火腿　芥藍菜梗　豬油　鹽　太白粉　高湯

做法：

一、豆腐切成數大塊放清水鍋內，先用小火煮，滾後改大火煮約一個半小時，豆腐已成蜂窩狀，小心撈出來。把豆腐的四邊硬皮切去，再切成長方塊，放在鍋內加高湯、鹽、豬油，燉半小時。

二、蒸熟的干貝撕開，香菇、火腿、芥藍菜梗都切成片，再和豆腐同煮，滾後，淋下調好的太白粉勾芡即可。

魚蝦豆腐羹

材料：黃魚　蝦仁　嫩豆腐　番茄　青椒　蔥　薑　料酒　生油　太白粉　高湯

做法：

一、先將洗剖淨的小尾黃魚，放入蔥薑水中略煮，撈出去皮骨，將魚肉弄碎，起油鍋略炒一下。

二、青椒切塊，番茄去皮籽略炒後盛出。

三、用鹽、酒、太白粉拌勻的蝦仁，也入油鍋中加蔥、薑炒熟，再加入炒好的青椒、番茄。

四、高湯煮豆腐和黃魚，調入太白粉，盛起時把（三）項加在上面。

八珍豆腐羹

材料：嫩豆腐　蚵仔　蝦仁　豬肉　魚肉　雞肉　榨菜　香菇　筍　芹菜　芫荽　蔥
　　　薑　料酒　鹽　糖　白醬油　太白粉　麻油　生油　胡椒粉　高湯

做法：

一、芹菜、蔥、薑、芫荽等切碎，起油鍋爆香。

二、筍、香菇、雞肉、豬肉、蝦肉都切薄片下鍋同炒，加高湯再煮約十分鐘，淋入調好的太白粉勾芡。

三、湯稠後放入切片的豆腐、榨菜、蚵仔，加酒、鹽、白醬油、糖，淋上麻油及胡椒粉。

雞茸豆腐羹

材料：嫩豆腐　雞肉　嫩豌豆　鹽　白醬油　酒　太白粉　豬油　高湯

做法：

一、雞肉細剁成肉泥，加鹽、酒、太白粉、水拌醃。鍋內煮高湯溫熱時，將雞肉放入打散。滾時放入豌豆，並加鹽、白醬油調味。

二、湯再滾時把豆腐切丁倒進，並淋入調好的太白粉及豬油。

燒炒類

鮮蘑豆腐

材料：鮮蘑　豆腐　蔥絲　薑絲　料酒　糖　醬油　豬油　高湯

做法：

一、豆腐切成厚三角片，鮮蘑一剖為二。豬油燒熱，先爆炒蔥絲和薑絲，淋料酒略烹。

二、將鮮蘑、豆腐、醬油、糖、高湯放入，用小火燜熟即可。

八寶豆腐

材料：嫩豆腐　香菇　火腿　筍　胡蘿蔔　雞蛋　鹽　豬油

做法：

一、雞蛋濾出蛋清，豆腐揉碎拌入蛋清　再加些鹽及豬油調成糊。

二、抹上熟油的大碗底，先撒些火腿末，再將筍片、胡蘿蔔片、香菇等間隔排列在碗底。

三、拌好的豆腐泥倒入碗內，入蒸鍋內蒸約十分鐘取出，扣入淺盤即可。

蝦子豆腐

材料：豆腐　蝦子　雞蛋　蔥末　薑末　料酒　麵粉　醬油　鹽　白糖　豬油　高湯

做法：

一、豆腐切成約三公分厚的長方塊，平擺在盤裡，再將蔥末、薑末、料酒、白糖、醬油、鹽等撒勻在豆腐上。

二、雞蛋打成汁，豆腐先沾麵粉，再裹蛋汁，放豬油鍋內煎成兩面黃取出，把碎屑理清再平擺入鍋內，上面均勻撒上蝦子，放高湯，用小火煮五分鐘。

三、湯快收乾時，澆上些豬油起鍋。

小蝦燜豆腐

材料：小青蝦　嫩豆腐　蔥　薑　料酒　醬油　鹽　生油

做法：

一、小青蝦剪鬚腳洗淨濾去水分後，放熱油鍋內爆炒，加酒、薑、醬油。

二、豆腐切成小方塊，入鍋中同炒，加鹽及蔥花，蓋上鍋蓋略燜一下即可。

素燒獅子頭

材料：豆腐　香菇　菜心　筍　金針　木耳　油條　素雞　雞蛋　醬油　鹽　糖　麵粉

太白粉　麻油　生油　高湯

做法：

一、豆腐切去硬邊用手揉碎。油條和素雞切碎和豆腐泥放大碗內，再加麵粉、蛋清、鹽，仔細拌勻。

二、將拌好的豆腐泥，用手揉成一個個大丸子，放油鍋中炸黃。

三、另起油鍋炒發好、切好的香菇、菜心、筍、木耳、金針，放醬油及高湯略煮，放進炸好的豆腐丸子，燉十幾分鐘後，加太白粉勾芡，點幾滴麻油即可。

雪菜燒豆腐

材料：豆腐　雪裡紅　乾蝦米　蔥花　生油　鹽　味精　麻油

做法：

一、起油鍋爆炒蔥花，再放入泡軟的蝦米和切碎的雪裡紅，並加鹽調味。

二、豆腐切塊放入，略加水燜煮數分鐘。起鍋時撒些麻油和味精。

番茄青椒炒豆腐

材料：豆腐　番茄　青椒　蒜頭　蔥　醬油　鹽　生油　味精

做法：

一、豆腐整塊放入熱油鍋內，煎至兩面黃取出。
二、蒜末、蔥花放油鍋中爆香，再將切塊的青椒、去皮去籽的番茄，放入同炒，加鹽調味。
三、煎豆腐放入炒鍋內，用炒鏟切塊，同（二）項略炒，如醬油、味精，稍燜一下即可食用。

毛豆燒豆腐

材料： 豆腐　毛豆　小鮮蘑　鹽　味精　麻油　生油

做法：

一、豆腐切成方厚片，起油鍋兩面煎黃，隨後放入小鮮蘑略炒，再放入已用淡鹽水煮半熟的毛豆。同時放鹽、味精及少量的水，蓋鍋蓋燜煮一會兒。
二、起鍋前淋數滴麻油即可上桌。

紅燒豆腐（一）

材料： 豆腐　豬肉　筍　木耳　蔥　薑　醬油　太白粉　豬油　麻油　高湯

做法：

一、起豬油鍋先爆香薑片，再加入肉片、筍片、發軟木耳同炒，加醬油、高湯煮。

二、湯煮滾後，將切成長方厚片的豆腐，下鍋同煮約五分鐘。

三、放進蔥段，淋下調好的太白粉勾芡，再澆上麻油即可盛起。

紅燒豆腐（二）

材料：豆腐　叉燒肉　榨菜　蔥　大蒜　豆瓣醬　醬油　糖　太白粉　生油　麻油

做法：

一、豆腐切成長方厚片，放旺火油鍋中炸黃撈起。

二、鍋中留一湯匙油，爆香大蒜末、蔥花，加豆瓣醬，再放切片的榨菜和叉燒肉同炒。

三、放進炸好的豆腐，加一碗清水煮，滾後加醬油、糖，蓋上鍋蓋燜煮十分鐘，淋入調好的太白粉。

四、起鍋時加數滴麻油。

鍋塌豆腐

材料：豆腐　雞蛋　麵粉　蔥　薑　醬油　糖　鹽　太白粉　生油　高湯

做法：

一、雞蛋打散，加麵粉調成糊狀。豆腐切成長方厚片，兩面撒上乾麵粉，再一片片沾上蛋汁麵糊，入熱油鍋中兩面煎黃取出。
二、另鍋爆炒蔥花、薑末，再放醬油、鹽、糖、高湯煮開後，將煎好的豆腐放鍋內同煮。
三、起鍋前淋入調好的太白粉勾芡。

鍋貼豆腐

材料：豆腐　火腿　筍　乾蝦米　雞蛋　香菇　蔥　薑　鹽　酒　麻油　太白粉　胡椒粉　玻璃紙

做法：

一、豆腐放大碗內用手揉碎，加入蔥、薑、筍、蝦米等碎末，再放鹽、酒、胡椒粉、太白粉及蛋清拌勻，攤在鋪好在盤子的玻璃紙上，再撒上香菇及火腿末，放鍋內蒸十分鐘取出，除掉玻璃紙切成四大塊。
二、豆腐的底面沾上調好的蛋清麵糊，入熱油鍋內炸黃即可。

家常豆腐

材料：豆腐　豬肉　蔥　薑　蒜　辣豆瓣醬　生油　太白粉　鹽　糖　高湯

做法：

一、豆腐切成長三角形厚片，放熱油鍋內煎到兩面黃撈出。
二、另起油鍋炒已剁好略拌太白粉的豬肉末，加入辣豆瓣醬、蒜末、薑末，再倒進高湯、豆腐、鹽、糖，略煮一會兒。
三、起鍋前淋下調好的太白粉勾芡，撒上些蔥花。

紅白豆腐

材料：嫩豆腐　鴨血　蔥　薑　大蒜　青蒜　花椒粒　辣椒粉　胡椒粉　鹽　醬油　豬油

做法：

一、豆腐、鴨血切成厚片。
二、豬油起鍋先炸花椒粒，炸焦撈出，繼續放入薑末、蔥末、大蒜末、鹽、辣椒粉、醬油，攪拌均勻即放些清水。
三、將豆腐、鴨血放入同炒約五、六分鐘即可。
四、起鍋前撒上胡椒粉和青蒜葉。

鑲豆腐

材料：豆腐　豬肉　魚肉　乾蝦米　蔥　小白菜（或任何青菜）　鹽　醬油　料酒　胡

椒粉　糖　生油　高湯

做法：

一、瘦豬肉、魚肉、發軟的蝦米、蔥，分別剁碎，加鹽、料酒、胡椒粉、糖、太白粉拌好，搓成小丸子做餡。

二、豆腐整塊放進鹽水內略煮，撈出切成大三角塊。每塊豆腐底劃開一刀，小心將肉餡鑲入，然後放油鍋中炸成兩面黃。

三、砂鍋底鋪上青菜，煎好的豆腐鋪在青菜上，注入高湯，加鹽燜煮至菜軟。

四、起鍋前淋入調好的太白粉即可。

滷豆腐

材料：豆腐　小排骨　醬油　糖　高湯

做法：

一、豆腐整塊放冷水中，旺火煮二十分鐘，待豆腐已有蜂窩，小心取出。

二、另鍋將豆腐放入，再將剁好的小排骨排在豆腐上，加高湯、醬油、糖，用小火煮二十分鐘即可。食用時將豆腐切塊。

麻婆豆腐

材料：豆腐　豬肉（或牛肉）　蔥　蒜　辣椒粉　豆瓣醬　胡椒粉　豬油　醬油　鹽　花椒　太白粉　麻油

做法：

一、豆腐切塊水煮或油炸一分鐘即撈出。

二、豬油起鍋先炸花椒粒，炸焦撈出，再炒肉末，放蔥末、薑末、蒜末、醬油、鹽、辣椒粉、豆瓣醬同炒，然後放豆腐及高湯燜煮十分鐘。

三、淋下調好的太白粉勾芡，起鍋前撒下胡椒粉及麻油。

蝦仁豆腐

材料：豆腐　蝦仁　蔥　薑　胡蘿蔔　小白菜　醬油　生油　太白粉　料酒　高湯　太白粉

做法：

一、蝦仁用酒及太白粉拌好，入熱油鍋炒，放入蔥薑末，炒熟盛起。

二、另起油鍋略炒切成丁的豆腐，加入高湯、胡蘿蔔片、小白菜葉及鹽、醬油等同煮。

三、湯滾後加入蝦仁同煮數分鐘。
四、起鍋前淋入調好的太白粉勾芡。

芙蓉豆腐

材料：嫩豆腐　火腿　雞蛋　毛豆　香菇　奶水　鹽　太白粉　雞湯

做法：

一、豆腐放大碗內用手揉碎，加入奶水、蛋清、鹽調勻後，放蒸鍋內，先用旺火再改小火，約蒸二十分鐘即成一整塊大豆腐。
二、用西餐湯匙將整塊豆腐一匙匙挖出，排放在一深盤內。
三、火腿切片，香菇切斜塊，連同毛豆放滾水中燙一下撈出，擺在豆腐周圍。
四、雞湯加鹽煮滾，淋入調好的太白粉勾芡，澆在豆腐上即可上桌。

蝦皮燒豆腐

材料：豆腐　蝦皮　薑　韭菜苗　鹽　醬油　生油　麻油　高湯

做法：

一、熱油鍋先爆炒薑末，再放已洗好濾乾的蝦皮。
二、豆腐切小塊，放入鍋中同炒，加鹽、醬油及高湯，蓋上鍋蓋煮約十分鐘，再放入切好的嫩韭菜苗煮一下即可。

金錢豆腐盒

材料：老豆腐　蝦肉　豬肉　豆腐皮　香菇　筍　雞蛋　豬油　太白粉　鹽　糖　麻油　高湯

做法：

一、老豆腐橫片兩層，用圓筒壓成一個個圓形。蝦肉、肥豬肉剁極碎，加入蛋清、鹽，打成糊，夾入兩片圓豆腐中，入鍋蒸約十五分鐘即是金錢豆腐。

二、砂鍋底墊上竹片，將金錢豆腐排一層在竹片上，上面蓋上兩張豆腐皮。

三、另切瘦豬肉絲、香菇絲、筍絲用豬油炒後，加高湯略煮，再倒在砂鍋裡的豆腐皮上，用小火燜煮約十分鐘。

四、只取砂鍋內的金錢豆腐排在菜盤上。再倒一些砂鍋內的湯，加麻油、鹽、糖、太白粉煮稠，澆在豆腐上。

五、砂鍋內餘湯和肉絲等物可以另做菜吃。

曹白魚蒸豆腐

材料：豆腐　曹白魚　蔥　薑　豬油　鹽　糖　黃酒

做法：

一、豆腐整塊放在大碗底，曹白魚放在豆腐上。

二、碗內放入鹽、黃酒、豬油、糖，撒上薑末、蔥末。大火蒸十五分鐘即可。

碎肉豆腐

材料：嫩豆腐　豬肉　蔥　蒜頭　鹽　糖　胡椒粉　白醬油　生油　太白粉

做法：

一、豬肉剁碎，用鹽、白醬油、糖、太白粉拌勻。

二、起油鍋先爆香蒜末、蔥末，再放肉末同炒後加清水。

三、滾後放入切成丁的豆腐，加鹽、白醬油、胡椒粉，煮約十分鐘，再以太白粉勾芡即可。

豬腦豆腐

材料：豆腐　豬腦　火腿　蔥　薑　白醬油　料酒　豬油

做法：

一、起油鍋爆炒蔥段和薑片後夾棄。再倒入用酒略醃過的豬腦，邊炒邊鏟碎，炒熟盛起。

二、另起油鍋炒蔥末及豆腐，豆腐入鍋內也鏟碎，加鹽。
三、豬腦倒入，加白醬油及熟火腿末同炒數分鐘即可。

熊掌豆腐

材料：豆腐　豬肉　木耳　筍　蔥　生油　白醬油　鹽　太白粉　高湯

做法：

一、豆腐切方塊，入油鍋內煎成兩面黃後取出。
二、餘油先爆炒蔥花，再將豬肉片、筍片及發好的整朵木耳入鍋同炒。繼續將煎好的豆腐入鍋，加白醬油、鹽及少許高湯略煮。
三、起鍋前淋入調好的太白粉勾芡。

蜂窩豆腐

材料：豆腐　黃豆芽　鮮蘑　筍　蝦仁　鹽　雞湯

做法：

一、豆腐整塊放入冷水內，先用旺火煮，滾後改小火，煮到豆腐現出蜂窩狀撈出，切成方塊。
二、砂鍋底鋪上黃豆芽，上面放切好的豆腐，加雞湯和鹽，用小火煮一個半小時。

三、將蝦仁、筍片、鮮蘑片、火腿片加入同煮十分鐘即可上桌。

蝦腦豆腐

材料：豆腐　大明蝦頭　豌豆　蔥　白醬油　鹽　胡椒粉　生油　高湯

做法：

一、大明蝦頭取出蝦腦。

二、豆腐切方塊放油鍋中煎到兩面黃，加白醬油、鹽和糖略炒後加少許高湯。

三、蝦腦入鍋同煮，湯快收乾時，放一些嫩豌豆，再撒上胡椒粉、蔥花即可起鍋。

豆腐鯽魚

材料：豆腐　鯽魚　辣豆瓣醬　白醬油　青蒜　薑　蔥　豬油　鹽　太白粉　料酒　高湯

做法：

一、豆腐先用淡鹽水略煮，撈起後切塊。熱油鍋先煎鯽魚，兩面黃時取出。

二、用鍋內餘油先炒辣豆瓣醬，再將魚放入，淋上料酒、醬油、薑絲、蔥段、高湯，滾後放入豆腐同煮五分鐘。盛起時撒些青蒜葉。

什錦豆腐

材料：豆腐　火腿　毛豆　香菇　小黃瓜　蝦仁　豬油　鹽　料酒　太白粉　高湯

做法：

一、豆腐、火腿切丁，香菇發好後切丁，小黃瓜去皮去瓤切丁，蝦仁用料酒略醃後煮熟，毛豆放鹽水中煮熟。

二、豬油起鍋炒香菇、火腿，再放豆腐同炒，繼續放入蝦仁、毛豆、小黃瓜及高湯同煮。

三、湯滾後放鹽調味，淋入調好的太白粉勾芡即可。

豉茸豆腐泥

材料：豆腐　豆豉　豬肉　荸薺　蔥　豬油　料酒　鹽　糖

做法：

一、豆腐放碗內揉碎，荸薺切碎。豆豉澆少許料酒蒸數分鐘，取出後剁成末。

二、起熱油鍋先爆炒蔥末和豆豉，再順序將豬肉、荸薺、豆腐放入同炒。

三、加鹽、糖調味，炒到收乾水分即可。

四喜豆腐

材料： 豆腐　火腿　豬肉　香菇　核桃仁　雞蛋　豬油　奶水　雞油　雞湯　鹽　太白粉

做法：

一、豆腐揉成泥，用細篩過濾，去掉豆腐渣。豆腐泥放入大碗中加蛋清攪勻，加豬油、奶水、太白粉再攪打，然後慢慢淋入雞湯，邊淋邊攪，豆腐成稠糊狀。

二、豬油起鍋，燒熱後倒下豆腐泥，炒到變成玉白色，再加入預先炒好的豬肉末、香菇末、核桃仁末拌炒。

三、起鍋盛在盤裡，撒上一些熟火腿末，澆上熱雞油。

蝦米燒豆腐

材料： 豆腐　榨菜　蝦米　蔥　醬油　鹽　糖　油

做法：

一、榨菜洗去辣椒剁碎，蝦米泡軟剁碎。

二、起油鍋先爆炒蔥花，倒入榨菜、蝦米略炒，再將豆腐切塊放入同炒，加醬油、鹽、糖，炒勻即可。

珍珠豆腐

材料：豆腐　干貝　雞湯　豆苗　鹽　生油

做法：

一、豆腐邊的硬皮切去，用小圓匙挖成一個個圓粒，放熱油鍋中炸透（不要焦黃）撈出。

二、干貝浸酒蒸軟，撕碎放入雞湯內燉。

三、將炸好豆腐粒放雞湯內煮。滾後加鹽調味，起鍋前放幾根豆苗即可。

蠔油菜心豆腐

材料：豆腐　菜心　香菇　麻油　蠔油　太白粉　胡椒粉　鹽　糖　高湯

做法：

一、豆腐先整塊放鹽水內，浸二十分鐘撈出。香菇發好蒸二十分鐘，切方塊。菜心用開水加豬油和蘇打粉燙一下，取出洗淨。

二、豆腐切塊入油炸兩面黃，撈出後排在菜盤中央。菜心排在豆腐周圍。

三、蠔油、太白粉、鹽、糖、胡椒粉、香菇同入油鍋內煮一下，澆在豆腐上。

豆腐丸子

材料：豆腐　豬肉　蔥　薑　麵包粉　醬油　鹽　胡椒粉　麻油　太白粉　生油

做法：

一、豆腐切去硬皮，揉碎。豬肉剁碎放蔥薑末、胡椒粉、鹽、醬油、麻油、太白粉拌醃後加入豆腐泥同拌。

二、把豆腐泥搓成一個個丸子，滾沾上麵包粉入熱油鍋內炸黃取出。

三、炸好的豆腐丸子蘸花椒鹽吃，或用糖、醋、醬油、麻油、太白粉做糖醋汁蘸著吃。

豆腐餡肉餃

材料：豆腐　豬肉　雞蛋　蔥　鹽　麻油　糖　太白粉　味精　高湯

做法：

一、豆腐先包入布中，擠去水分揉碎，拌以麻油、醬油、鹽、味精，做餡用。豬肉剁碎加入鹽、醬油、蔥末、太白粉及蛋汁一同拌勻。

二、手掌心沾濕，舀一湯匙肉泥攤開在掌心成餅狀，再舀一些豆腐泥做餡放肉餅中，包成餃子狀，放進油鍋內煎黃，澆入高湯略煮，放鹽再調太白粉。

豆腐加工類

涼拌干絲

材料：大白豆腐乾　芹菜　蝦子　麻油　鹽　醋　白醬油　味精

做法：

一、大白豆腐乾片去周圍硬皮，切成絲放鍋內煮約五分鐘，見水已泛白色，即成干絲，撈出放冷開水濾過。

二、芹菜切段在開水裡燙一下，也用冷開水沖過。

三、蝦子預先澆入熱麻油，與干絲、芹菜，加鹽、白醬油、醋、麻油、味精同拌。

三鮮干絲

材料：大白豆腐乾　火腿　雞肉　香菇　蝦仁　豬油　雞湯　鹽　麻油

做法：

一、大白豆腐乾片去硬邊，切絲放鍋內略煮後撈出，再用冷水濾過。

二、雞湯滾後放鹽及豬油，再將干絲放入改小火煮約二十分鐘。

三、另鍋用雞湯放進香菇絲、火腿絲、雞肉絲、蝦仁同煮一會兒，澆在已盛在大碗內的干絲雞湯上面即可。

涼拌百頁

材料： 百頁（又叫「千張」） 芹菜 白醬油 辣椒油 鹽 麻油 味精 鹼

做法：

一、百頁捲起切成細絲，放在加入一點點鹼的開水中浸軟，再換冷開水沖兩遍，濾乾水分，放在菜盤內。

二、芹菜切小段，預先用鹽醃過，濾去水分，和百頁一起，加鹽、白醬油、麻油、辣椒油同拌。

肉絲炒百頁

材料： 百頁 豬肉 蔥 紅辣椒 生油 醬油 鹽 糖

做法：

一、百頁切絲在鹼沖的開水內泡軟取出，用冷水沖過，濾掉水分。豬肉切絲，紅辣椒去籽切絲。

二、起油鍋先爆炒蔥絲、辣椒絲，倒入肉絲略炒後加醬油炒勻，再將百頁絲倒入，加鹽、糖，點些水燜一下即可。

香乾肉醬

材料：五香豆腐乾　豬肉　小黃瓜　筍　青蒜　青椒　蔥　薑　甜麵醬（或豆瓣醬）
紅辣椒　糖　鹽　生油

做法：

一、豆腐乾、豬肉、小黃瓜、筍都切丁。豬肉略用鹽及太白粉拌和。

二、蔥薑末起油鍋炒豬肉丁，熟後將肉丁撈出。餘油再順序加入豆乾丁、筍丁、黃瓜丁、青椒塊、紅辣椒同炒　加醬油、鹽、糖。

三、將肉丁放入同炒，再放甜麵醬（或豆瓣醬）拌炒，起鍋前撒下青蒜葉。

香乾拌花生

材料：五香豆腐乾　炸（或炒的）花生米　芫荽　麻油　醬油　鹽　味精

做法：

一、豆腐乾切丁，芫荽切碎，用麻油、醬油、鹽、味精拌醃。

二、炒或炸的脆花生米，搓去皮，拌入豆腐乾內即可。

炒素三絲

材料：五香豆腐乾　胡蘿蔔　芹菜　鹽　醬油　生油　味精

做法：

一、豆腐乾、胡蘿蔔、芹菜都切成細絲。

二、起油鍋先炒胡蘿蔔絲，加鹽後略炒數下，保持胡蘿蔔的脆度。

三、另起油鍋先炒豆乾絲，再放芹菜絲，加鹽及醬油，放入先炒的胡蘿蔔絲同炒，放些味精即可。

十香菜

材料：五香豆腐乾　豆腐皮　胡蘿蔔　筍　金針　黃豆芽　木耳　香菇　醬薑瓜　醬芽　鹽　生油　麻油

做法：

一、將豆腐乾等十種材料，該發軟的發好，都切成細絲。

二、十種材料分別用油單獨炒好，放鹽調味，再拌和一同略炒加麻油即可。

素雞

材料：豆腐皮　麻油　醬油　鹽　糖　味精

做法：

一、麻油、醬油、糖、鹽、味精，加水調成醬油汁。

二、把半圓形的乾豆腐皮一張在大盤中攤開，淋上調好的醬油汁打濕，相對再鋪上第二張，照樣淋汁。每鋪好六張，就橫著摺疊成一寸半寬的長條。為免散開，用細麻線輕紮一下，放在盤中。

三、先以旺火蒸五分鐘，再放油鍋中炸一分鐘。取出切段擺盤中，淋些麻油即可。

素火腿

材料：豆腐皮　蔥　薑　醬油　糖　麻油　味精

做法：

一、乾豆腐皮每張用紗布沾清水打微濕軟後，全部捲起來切成細絲，放在大碗內。

二、蔥整段、薑一塊起油鍋爆香，焦黃後取出棄掉。油內放醬油、糖、鹽、味精及水煮滾。將煮好的醬油汁澆入豆皮絲上拌勻。

三、用一塊白布，將豆皮絲緊緊包成圓筒狀，用細麻繩捆結實，上鍋蒸約一小時即可。吃時打開布包，切薄片。

松子豆腐皮

材料：豆腐皮　雞肉　豬肉　松子仁　雞蛋　蔥　料酒　糖　醬油　鹽　麻油　花椒
　　　茶葉　白米

做法：

一、雞胸肉和肥豬肉剁成細泥，加入打勻蛋汁、鹽、松子仁攪拌，放在已打濕豆腐皮中間，鋪成一長條捲起來，再塗上一層醬油、糖、酒調的汁。

二、將豆腐皮捲放油鍋中炸一分鐘後取出。

三、鐵絲網上鋪滿蔥段，將豆皮捲擺在蔥上，移到破舊鐵鍋裡，鍋底放茶葉、白米、花椒粒及白糖。蓋上鍋蓋放旺火上烤約五分鐘即可取出。

四、吃時切成斜方塊，淋麻油即可。

腐皮炒雪裡紅

材料：濕豆腐皮　雪裡紅　蔥　麻油　白醬油　生油　鹽　味精

做法：

一、起油鍋爆炒蔥花，再放切碎的雪裡紅梗（葉少用），加鹽及白醬油，略炒後加入切成絲的濕豆腐皮同炒。

二、起鍋前澆些麻油及味精即可。

腐皮鴨肝湯

材料：濕豆腐皮　鴨肝　白醬油　鹽　酒　太白粉　胡椒粉　麻油　高湯

做法：

一、鴨肝切成丁，放酒、白醬油、鹽、太白粉略醃一下。

二、濕豆腐皮撕片投入煮滾的高湯，煮十幾分鐘後，將鴨肝倒入同煮。

三、滾後加鹽、味精、酒，再淋下調好的太白粉勾芡。

四、盛起時撒胡椒粉和麻油。

豆皮蛋花湯

材料：濕豆腐皮　雞蛋　紫菜　蔥　白醬油　生油　麻油　胡椒粉　味精

做法：

一、起油鍋爆炒蔥花，倒入清水，加鹽、白醬油。

二、水滾後，將濕豆腐皮撕片放入，煮一會兒後，再將雞蛋打散淋入湯內。

三、起鍋時淋麻油、胡椒粉、味精，撒上紫菜片。

豆皮魚肉捲

材料：豆腐皮　魚肉　白醬油　薑　料酒　糖　生油

做法：

一、豆腐皮攤開打濕。

二、去皮骨的魚肉切成長條，用白醬油、薑片、酒、糖調和的汁醃一下。

三、醃好的魚肉，放在豆腐皮中間成一長條，捲起來，放油鍋內炸黃取出。

四、切段擺盤內，蘸花椒鹽或辣醬油、番茄醬吃。

腐竹燒白菜

材料：濕腐竹　大白菜（或小白菜）　生油　麻油　白醬油　鹽　糖　味精

做法：

一、濕腐竹切成段，在油鍋中略炸一下，倒去多的油，再放鹽、醬油、糖，略燜一下。

二、另起油鍋炒白菜，快熟時放鹽調味，再加入腐竹，淋些麻油、味精即可。

素三鮮

材料：腐竹　豆腐泡　菜心　鹽　糖　味精　生油　麻油

做法：

一、腐竹切成段，放油鍋內先炒，再加入一剖為二的豆腐泡和削皮切成滾刀塊的菜心，放鹽、糖，加水及味精燜一下。

二、起鍋前滴些麻油即可。

豆腐泡肉丸

材料：豆腐泡　豬肉　蔥　薑　大白菜　太白粉　鹽　白醬油　料酒　生油　麻油

做法：

一、豬肉剁碎，加蔥薑末、料酒、白醬油、糖、麻油、太白粉拌勻做餡。

二、豆腐泡剪開一個口，嵌入肉餡。

三、起油鍋先炒大白菜，放鹽、白醬油調味。白菜炒軟後，將豆腐泡肉丸一個個放在白菜上。

四、加入清水，蓋鍋蓋，溫火燜煮至丸子熟透即可。

黃豆芽炒油豆腐

材料：油豆腐　黃豆芽　大蒜　青蒜　醬油　鹽　糖　生油

做法：

一、起油鍋爆香蒜片，隨即倒入黃豆芽炒一、二分鐘，再放油豆腐同炒，加醬油、鹽、糖。

二、起鍋前加些青蒜葉。

油豆腐線粉

材料：油豆腐　豆腐皮　豬肉　小魚乾　蝦米　黃豆芽　筍乾　榨菜　薑　料酒　白醬油　鹽　太白粉　麻油　冬粉

做法：

一、豬肉、發軟的蝦米都剁碎，放料酒、麻油、鹽、白醬油、太白粉拌勻。豆腐皮沾濕攤開，將肉餡擺中間，約一寸多長，一個個捲起放蒸鍋內蒸熟。

二、黃豆芽和小魚乾熬成鮮湯撈出。筍乾煮軟後切絲，榨菜切碎，冬粉燙軟。

三、吃時將豆皮捲、油豆腐、粉絲放鮮湯內略滾，加筍乾絲、榨菜末、麻油、鹽調味即可。

國家圖書館出版品預行編目資料

中國豆腐／林海音等作 -- 一版. -- 臺北市：大地,
2009.09
面：　公分. --（大地叢書：29）

ISBN 978-986-6451-08-9（平裝）

439.22　　98014889

中國豆腐

大地叢書 029

作　　者	林海音　等
發 行 人	吳錫清
主　　編	林海音
助　　編	夏祖美　夏祖麗
出 版 者	大地出版社
社　　址	114台北市內湖區瑞光路358巷38弄36號4樓之2
劃撥帳號	50031946（戶名　大地出版社有限公司）
電　　話	02-26277749
傳　　真	02-26270895
E - mail	vastplai@ms45.hinet.net
網　　址	www.vasplain.com.tw
美術設計	普林特斯資訊股份有限公司
印 刷 者	普林特斯資訊股份有限公司
一版一刷	2009年9月

大地

定　　價：250元